Python
网络编程
从|入|门|到|精|通

苟英 张小华 高博◎编著

北京大学出版社

PEKING UNIVERSITY PRESS

内 容 简 介

本书从实际应用出发，详细介绍Python网络编程的相关知识与操作技能。全书分为3篇共计12章。第1篇为基础篇，介绍了Python编程的环境搭建、基本模块、数据库编程及测试驱动开发等内容，为读者学习网络编程做了一个很好的知识铺垫；第2篇为核心篇，讲解了网络编程中HTTP服务器与客户端编程、Socket网络编程、Django框架应用、FTP、Telnet、POP3、SMTP、SNMP等知识，为网络编程奠定基础；第3篇为项目实战，以开发"实时在线互动聊天系统"和"权限管理系统"两个应用案例介绍了Python网络编程的实战篇，读者可从项目部署出发，实现完整的项目开发。

本书通过示例进行讲解，每个章节均配有实现代码，便于读者掌握Python编程技术。本书既可作为Python初学者及爱好者技术提高级读物，也可作为广大职业院校、培训班的教材参考用书。

图书在版编目(CIP)数据

Python网络编程从入门到精通 / 苟英，张小华，高博编著. — 北京：北京大学出版社，2020.4
ISBN 978-7-301-31281-0

Ⅰ.①P… Ⅱ.①苟… ②张… ③高… Ⅲ.①软件工具－程序设计 Ⅳ.①TP311.561

中国版本图书馆CIP数据核字(2020)第040233号

书　　　名	Python网络编程从入门到精通
	PYTHON WANGLUO BIANCHENG CONG RUMEN DAO JINGTONG
著作责任者	苟　英　张小华　高　博　编著
责 任 编 辑	吴晓月　吴秀川
标 准 书 号	ISBN 978-7-301-31281-0
出 版 发 行	北京大学出版社
地　　　址	北京市海淀区成府路205 号　100871
网　　　址	http://www.pup.cn　　新浪微博：@北京大学出版社
电 子 邮 箱	编辑部 pup7@pup.cn　总编室 zpup@pup.cn
电　　　话	邮购部 010-62752015　发行部 010-62750672　编辑部 010-62570390
印 刷 者	天津中印联印务有限公司
经 销 者	新华书店
	787毫米×1092毫米　16开本　18印张　404千字
	2020年4月第1版　2025年1月第4次印刷
印　　　数	8001-10000册
定　　　价	69.00元

前言

Python 网络编程，让沟通无限

♦ 为什么写这本书?

人工智能、大数据、云计算和物联网的时代已经来临，在这个全新的网络时代，我们该如何去把握机遇，迎接挑战? 怎样才能快速高效地完成系统设计及开发? 这些无疑是我们需要思考的问题。在众多的编程语言中，Python 无疑是最好写和最好读的。它简洁、优雅，而且非常全能。Python 社区庞大，有很多的库和框架可供使用。有人曾说："人生苦短，必用 Python。"

有通信就有网络，网络编程是一切开发的基础，不管是哪种语言的开发人员都需要掌握网络知识，都要对网络协议、封包、解包等底层技术进行深入剖析。对于初学者或没有接触过网络编程的开发人员，可能觉得网络编程涉及的知识很高深晦涩，但其实当你熟悉语法后，会发现基本的网络编程已经被实现得异常简单了。

本书的目标，就是为了让读者以最少的时间，最低的成本，快速掌握 Python 网络编程。

♦ 这本书的特点是什么?

本书编写秉承让更多的 Python 爱好者能看懂的原则，每个步骤都很详尽，读者可按步骤操作，还配有相应代码，方便读者实现网络编程的开发。整体上，本书表现出如下特点：

1. 力求简洁易懂。本书编写按先语法，后实例，最后结果展示的顺序，符合人们的认知过程，目的就是为了让读者看得懂、学得会、做得出。

2. 专注网络编程。Python 可以实现的应用很多，本书主要以 Python 网络编程为主题，讲解相关知识及操作技能，能让读者尽快上手，然后投入项目开发。

3. 注重知识的理解和转化能力的提高。新手问答与牛刀小试环节，可让读者在复习巩固知识的同时，拓宽知识面，真正做到学以致用、举一反三。

4. 内容编排层次合理。本书内容按照基础篇 → 核心篇 → 实战篇 3 个层次有序推进。知识安排由浅入深，系统全面，将零碎的知识整合实现为一个完整的项目，浅显易懂。

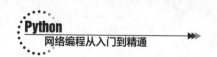

这本书里写了些什么?

本书内容结构安排如下。

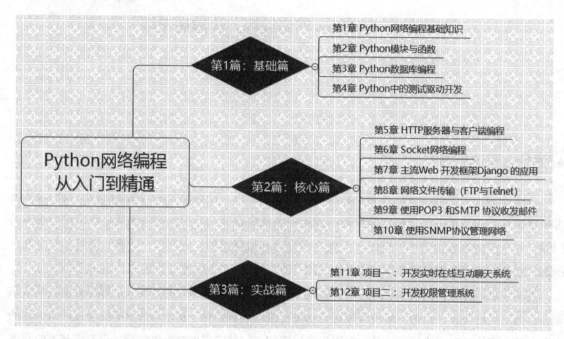

通过这本书能学到什么?

（1）**Python 网络编程基础知识**：熟悉 Python 基础语法，常用模块与函数、数据库编程及测试驱动开发。

（2）**Python 网络编程应用**：掌握 Python 搭建服务器端和客户端，使用 Socket 编程，熟悉 Django 框架。

（3）**网络文件传输**：掌握网络参考模型 OSI 及 TCP/IP 模型，使用 TCP、FTP、Telnet、UDP 实现远程文件处理。

（4）**POP3 和 SMTP 协议**：了解 POP3 和 SMTP 协议，掌握 Python 对 POP3 和 SMTP 的实现，了解错误处理与会话调试，掌握 SSL、TLS 安全协议。

（5）**SNMP 协议**：了解 SNMP 协议，掌握在 Windows 和 Linux 操作系统下 SNMP 的安装、配置，掌握 SNMP 框架及使用。

（6）**项目开发**：熟练使用 Python 语言、综合运用各类组件、独立完成项目开发。

🖊 有什么阅读技巧或者注意事项？

1. 核心组件版本

- Windows 操作系统：Windows 7
- Linux 操作系统：Ubuntu Desktop16.04
- Python：Python 3.7.2
- PyCharm：pycharm-professional-2018.3.2

2. 菜单命令与键盘指令

本书中，当需要介绍软件界面的菜单命令或键盘按键时，会使用"【】"符号。例如介绍保存文件时，会描述为：单击【文件】→【保存】命令。

3. 新手问答与牛刀小试

本书每个章节均有新手问答和牛刀小试。建议读者根据题目，回顾本章内容，深入思考后动手写出答案，再上机练习，以强化学习效果。

🖊 除了书，您还能得到什么？

（1）赠送：案例源码。提供与书中案例相关的源代码，方便读者学习参考。

（2）赠送：Python 常见面试题精选（50 道），旨在帮助用户在工作面试时提升过关率。习题见附录，具体答案参见下方的资源下载。

（3）赠送：《微信高手技巧随身查》《QQ 高手技巧随身查》《手机办公 10 招就够》三本电子书，教会读者移动办公诀窍。

（4）赠送：《5 分钟学会番茄工作法》视频教程。教会读者在职场之中高效工作，轻松应对职场那些事儿，真正让读者"不加班，只加薪"！

（5）赠送：《10 招精通超级时间整理术》视频教程。专家传授 10 招时间整理术，教会读者如何整理时间、有效利用时间。无论是职场还是生活，都要学会时间整理，实现人生价值的最大化。

> **温馨提示**
>
> 以上资源，请用微信扫一扫下方任意二维码关注公众号，输入代码 HyPc328，获取下载地址及密码。

资源下载

官方微信公众账号

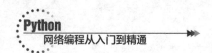

♦ 创作者说

本书由凤凰高新教育策划，由苟英、张小华、高博三位老师合作创作。在本书的编写过程中，我们竭尽所能地为您呈现最好、最全的实用内容，但仍难免有疏漏和不妥之处，敬请广大读者不吝指正。

读者信箱：2751801073@qq.com

读者交流 QQ 群：725510346

目 录

CONTENTS

第3章 Python 数据库编程 49

第4章 Python 中的测试驱动开发 70

第 2 篇

核心篇

第5章　HTTP 服务器与客户端编程　84

第 6 章　Socket 网络编程　　　　　　　　　　110

第7章 主流 Web 开发框架 Django 的应用   135

第 3 篇

实战篇

第 1 篇

基础篇

现在是一个互联网时代，人们越来越离不开网络，有网络就有网络应用，有网络应用就有网络编程，网络编程是一切开发的基础。Python 是一种解释型的、面向对象的、带有动态语义的高级程序设计语言。它简单易学，并且拥有完善的基础代码库和大量的第三方库，应用领域也相当广。对 Python 开发来说，网络编程是重点，许多大型网站如 YouTube、Instagram、豆瓣等都是用 Python 开发的，还有很多大公司如 Google、Yahoo 等，甚至 NASA（美国航空航天局）都在大量地使用 Python。Python 网络编程涉及的范围很广，在进入核心知识点学习之前，需要掌握 Python 网络编程的基础知识。

本篇主要讲解 Python 网络编程的相关基础知识，包括 Python 开发环境搭建、语法基础、模块与函数应用、Python 数据库编程应用、Python 测试驱动开发等内容。

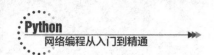

第 1 章
Python 网络编程基础知识

▌本章导读

本章主要介绍 Python 的历史与发展现状，如何在 Windows 和 Linux 操作系统中搭建 Python 开发环境，以及 Python 的语法结构、编码规则、常用数据类型、运算符和表达式等。这些知识可以帮助读者快速入门，为学习后续章节奠定理论基础。

▌知识要点

● Python 的历史与发展状况
● Python 的开发环境搭建
● Python 的基本语法结构
● Python 编码规则
● Python 数据类型
● Python 运算符及表达式

1.1 Python 概述

Python 翻译成中文是巨蟒的意思，它是一种编程语言，于 1991 年正式发布。它的创造者 Guido van Rossum 给 Python 的定位是简单、明确、优雅，所以对初学者而言，Python 简单易懂，便于学习，而且将来深入学习后，还可以编写一些非常复杂的程序。

1.1.1 Python 简介

Guido van Rossum 参与过 ABC 语言的开发，ABC 语言非常优美和强大，却因非开放性未得到广泛使用。而 Python 不仅避免了这一点，还结合了 Modula-3、Unix shell 和 C 而逐渐壮大起来。

1. Python 解释器

Python 是一门跨平台的脚本语言，它有自己的语法规则，也有相应的 Python 解释器，常用的解释器有以下 3 个。

CPython：最常用的 Python 版本，C 语言实现的 Python。

Jython：Java 语言实现的 Python，直接调用 Java 的各种函数库。

IronPython：.NET 和 ECMA CLI 实现的 Python，直接调用 .NET 平台的各种函数库，可以将 Python 程序编译成 .NET 程序。

2. Python 文件格式

Python 有两种常见的文件格式：.py 和 .pyc。

.py：Python 项目的源码。

.pyc：字节文件，Python 中间编译结果，当程序中有 import **** 这样的语句时，才会产生 .pyc。

注意：.pyc 文件可随时删除，当 Python 再次运行时，会重新生成 .pyc 文件，.pyc 文件运行方式与 .py 文件一样。

3. Python 现状

到目前为止，Python 已经诞生近 30 年，也经历了 30 多个版本的发展。2008 年年底 Python3.0 版本发布，目前已更新至 3.8 版本，中间还发布了 Python2.5、Python2.7 等版本，本书使用 Python3.7 版本进行讲解。

这些版本之间存在着一定的联系，也有差异。比如 Python 2.X 和 Python 3.X 就有明显的差异。Python 3.X 由于不想带入过多的累赘，所以没有考虑向下兼容的问题，因此 Python 3.0 以下版本的程序都无法在 Python 3.0 以上的版本中运行。为了解决这个问题，实现 3.0 以下版本的程序向 Python 3.X 的迁移，中间又开发了几个版本作为过渡版本，其中 Python 2.7 是比较经典的版本。如果你是初学者，建议直接安装 Python 3.0 以上的版本。

1.1.2 Python 特点

当我们被 C 语言指针搞得晕头转向时，Python 的出现无疑让我们在编程时可以保持头脑清醒，因为我们重点关注的不再是语法特性，而是程序所要实现的功能任务。

Python 语言具有很多富有创造性的特点。

1. 简单易读

Python 没有开始、结束、分号等标记，代码简洁，循环语句简化，程序结构清晰，易于阅读和理解。其保留字也很少，常见的保留字如表 1-1 所示。

表 1-1　Python 3.X 保留字说明

保留字	说明
False	假
None	空
True	真
and	表达式运算、逻辑与操作
as	类型转换
assert	断言，判断变量或条件表达式值是否为真
break	跳出循环
class	定义类
continue	循环语句，执行下一语句值
def	定义函数或方法
del	删除变量或序列的值
elif	与 if 和 else 结合使用，条件语句
else	与 if 和 elif 结合使用，条件语句的否则
except	捕获异常后的操作模块，与 try、finally 结合使用
finally	与 try、except 结合使用，包含结束语句
for	for 循环语句
from	与 import 结合使用，导入模块
global	定义全局变量
if	条件语句，与 else、elif 结合使用
import	与 from 结合使用，导入模块
in	判断变量是否在序列中
is	判断某个变量是否为某个类的实例
lambda	定义匿名函数
nonlocal	在函数或其他作用域中使用外层（非全局）变量
not	表达式运算、逻辑非操作
or	表达式运算、逻辑或操作
pass	空的类、方法或函数占位符
raise	异常抛出操作
return	从函数返回计算结果
try	与 finally、except 结合使用，包含可能出现异常的语句
while	while 循环语句
with	简化 Python 语句
yield	从函数依次返回值

可以用以下方法查看保留字。

```
>>>import keyword
>>>keyword.kwlist
```

2. 跨平台可移植性强

Python 程序稍作修改甚至不修改便可在 Linux、Windows、FreeBSD、Macintosh、Solaris、OS/2、Amiga、AROS、AS/400、BeOS、OS/390、z/OS、Palm OS、QNX、VMS、Psion、Acorn RISC OS、VxWorks、PlayStation、Sharp Zaurus、Windows CE、PocketPC 等平台上运行。

3. 动态性

Python 与 PHP、Ruby、ECMAScript（JavaScript）一样都属于动态语言。所谓动态语言就是在执行时能够改变其结构的语言，是高级程序设计语言的一个类别。Python 灵活性高，不需要声明变量，直接赋值即可创建新变量。

举个例子，定义一个 student（学生）类，初始属性有 name（姓名）和 age（年龄）。

```python
class student():
    def __init__(self, name = None, age = None):
        self.name = name
        self.age = age
S = student("Jack", "12")
```

学生属性除了 name（姓名）和 age（年龄）外，应该还有 sex（性别），如果是动态语言，直接给 S 对象的 sex 属性赋值"male"就可以得到想要的结果，可如果是其他语言，这一步可能就会报错。

```python
S.sex = "male"
```

运行代码，输出 S.sex 的值，结果为 male，这就是动态给实例绑定属性。

所以动态语言可以在运行时引进新的函数、对象，甚至代码，还可以删除已有的函数等其他结构上的变化。

4. 健壮的异常处理机制

Python 的异常处理机制能捕获程序异常情况，并且堆栈跟踪对象能找到出错地方和出错原因，帮助我们调试程序。

5. 面向对象特性

Python 执行面向对象编程的方式的特性既强大又简洁，简化了面向对象的实现，消除了保护类型、抽象类、接口等面向对象元素，使面向对象的概念更容易理解。Python 也支持面向过程，程序围绕着过程或者函数（可重复使用的程序片段）构建。

6. 可扩展性

Python 由 C 语言开发，可以使用 C 或 C++ 完成新模块、新类的添加，而 Python 程序可以完全调用它们，同时还可以嵌入到 C 或 C++ 的程序中。

7. 强大的库文件

Python 有非常完善的基础代码库，覆盖了网络、数据库、GUI、文件、文本等大量内容，被形象地称作"内置电池（batteries included）"。Python 标准库很大，它能够帮助用户完成许多的工作，如 FTP（文件传输协议）、数据库、正则表达式、单元测试、线程、网页浏览器、CGI（公共网关接口）、电子邮件、XML（可扩展标记语言）、GUI（图形用户界面）等。除了这些基础代码库之外，Python 还有大量高质量的第三方库，是别人编写贡献出来的，用户可以通过 Python 包索引找到它们。

Rank	Change	Language	Share	Trend
1	↑	Python	23.59 %	+5.5 %
2	↓	Java	22.4 %	-0.5 %
3	↑↑	Javascript	8.49 %	+0.2 %
4	↓	PHP	7.93 %	-1.5 %
5	↓	C#	7.84 %	-0.5 %
6		C/C++	6.28 %	-0.8 %
7	↑	R	4.18 %	+0.0 %
8	↓	Objective-C	3.4 %	-1.0 %
9		Swift	2.65 %	-0.9 %
10		Matlab	2.25 %	-0.3 %
11		Ruby	1.59 %	-0.5 %
12	↑↑↑	TypeScript	1.58 %	+0.3 %
13	↓	VBA	1.42 %	-0.1 %
14	↓	Visual Basic	1.2 %	-0.2 %
15	↓	Scala	1.2 %	-0.1 %
16	↑↑↑	Kotlin	0.97 %	+0.5 %
17		Go	0.93 %	+0.3 %
18	↓↓	Perl	0.78 %	-0.1 %
19	↓	Lua	0.42 %	-0.1 %
20	↑↑	Rust	0.36 %	+0.0 %
21		Haskell	0.3 %	-0.1 %
22	↓↓	Delphi	0.25 %	-0.1 %

图 1-1　PYPL 编程语言指数榜

1.1.3　Python 发展前景

人工智能是现在很火的专业，虽然 Java 有众多追随者，但是 Python 的语法特点使程序设计更轻松，编写的代码比 Java 可读性更强，其发展速度迅猛。2017 年年底山东省的小学信息技术六年级教材加入 Python 内容，小学生开始接触 Python 语言。从 2018 年起，浙江省信息技术教材不再使用晦涩难懂的 VB 语言，而是改用更简单易懂的 Python 语言。也就是说，Python 将纳入高考内容。从 2018 年起，Python 列入全国计算机等级考试范围。而 2018 年 PYPL 发布的编程语言指数榜显示，Python 已超越 Java 占据榜首，如图 1-1 所示。

1.2 Python 开发环境搭建

Python 可以在多个平台上进行安装和开发，比如 Linux/UNIX、Windows、macOS 等。本节重点介绍在 Windows 和在 Linux 上安装部署 Python，以及 Python 的集成开发环境 PyCharm 的安装和使用。

1.2.1　在 Windows 上安装 Python

1. 下载安装程序

进入 Python 官网"https://www.python.org/"，按以下步骤下载所需版本的 Python 安装程序。

步骤 01：在【Downloads】下拉列表中单击【Windows】选项，如图 1-2 所示。

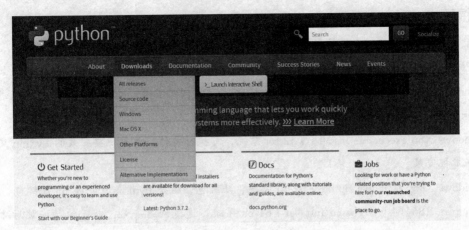

图 1-2　Python 官网各平台下载图

步骤 02：打开 Windows 各版本下载页面，如图 1-3 所示。

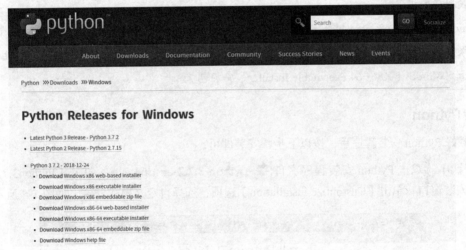

图 1-3　Windows 各版本下载页面

【Downloads】下拉列表中有多种安装包，以下三个平台安装包相对重要。

（1）Source code：Linux 版本下载。

（2）Windows：Windows 版本下载。

（3）macOSX：macOSX 版本下载。

需要安装在哪个平台上，单击相应的平台链接就可以进入下载页面。

▍温馨提示

　　本书介绍的 Python 是在 Windows 操作系统上安装的，使用的是 Win7 操作系统。若 Python 在 Linux 操作系统上安装，需使用 Ubuntu Desktop 16.04 操作系统。Linux 操作系统安装 Python 要注意操作权限，可以使用超级用户 root 完成安装。

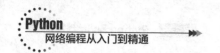

步骤 03：根据操作系统的配置情况，下载相应 Python 版本。

▌温馨提示

截至本书完稿，Python 3.X 最新版本为 3.7.2，Python 2.X 最新版本为 2.7.15。Python 3.7.2-2018-12-24 下方有多个安装包的下载链接，可根据需要选择下载对应的安装包，各安装包的含义如下。

Windows X86 web-based Installer：32 bit 系统，通过网络安装，就是执行安装后才通过网络下载 Python；

Windows X86 executable Installer：32 bit 系统，可执行文件，就是把要安装的 Python 文件全部下载后在本机安装；

Windows X86 executable zip file：32 bit 系统，压缩包，就是 Python 打包成 zip 压缩包；

Windows X86-64 web-based Installer：64 bit 系统，通过网络安装，就是执行安装后才通过网络下载 Python；

Windows X86-64 executable Installer：64 bit 系统，可执行文件，就是把要安装的 Python 文件全部下载后在本机安装；

Windows X86-64 executable zip file：64 bit 系统，压缩包，就是 Python 打包成 zip 压缩包。

如果不知道电脑系统类型是 32 位还是 64 位，可在桌面右击【我的电脑】-单击【属性】查看。这里选择"Windows X86-64 executable Installer"安装包。

2. 安装 Python

下载好 Python 安装程序后，按以下步骤安装即可。

步骤 01：双击 Python 安装程序文件 python-3.7.2-amd64.exe，打开【Python3.7.2(64-bit) Setup】安装窗口，单击【Customize installation】选项，选择自定义模式安装，如图 1-4 所示。

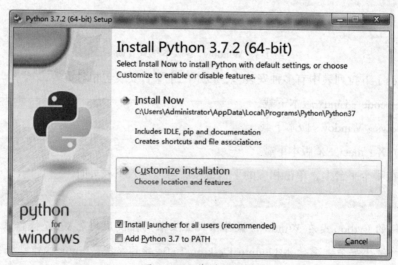

图 1-4　安装模式选择

步骤 02：在【Optional Features】窗口中，选择要安装的功能，这里默认全选，单击【Next】按钮。如图 1-5 所示。

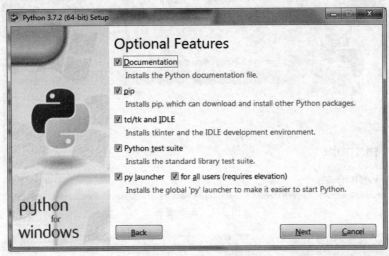

图 1-5 安装功能选择

步骤 03：在【Advanced Options】窗口中，可以设置程序的安装路径，一般默认是安装在 C 盘，也可以单击【Browse】按钮重新选择安装路径。其他选项保持默认，单击【Install】按钮开始安装，如图 1-6 所示。

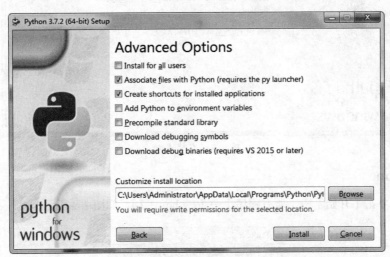

图 1-6 高级选项

步骤 04：系统开始自动安装，如图 1-7 所示。安装完成后单击【Close】按钮，关闭窗口，如图 1-8 所示。

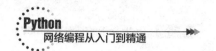

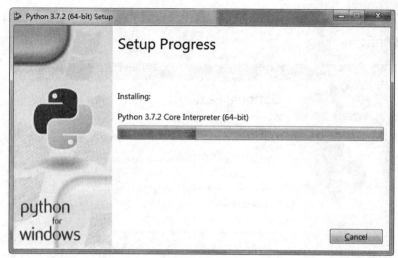

图1-7 正在安装

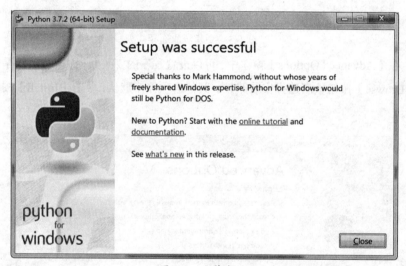

图1-8 安装成功

3. 运行 Python

步骤01：单击【开始】→【所有程序】→【Python 3.7】，如图1-9所示。

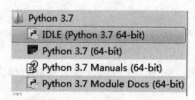

图1-9 Python 3.7 开始菜单

步骤02：单击【IDLE（Python 3.7 64-bit）】选项，打开【Python 3.7.2 Shell】窗口，输入"print("hello world!")"，按【Enter】键，打印出"hello world!"，如图1-10所示。

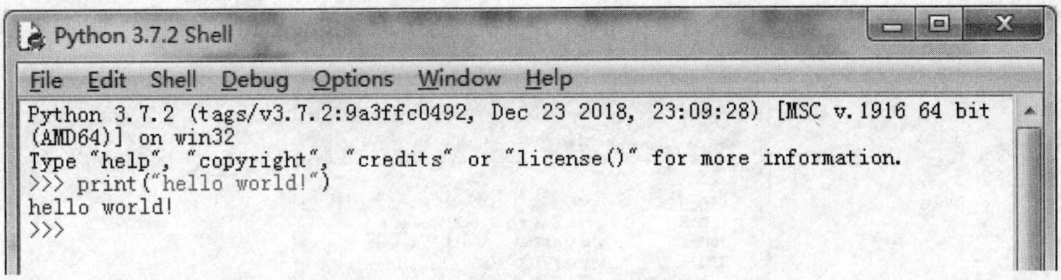

```
Python 3.7.2 Shell

File Edit Shell Debug Options Window Help
Python 3.7.2 (tags/v3.7.2:9a3ffc0492, Dec 23 2018, 23:09:28) [MSC v.1916 64 bit
(AMD64)] on win32
Type "help", "copyright", "credits" or "license()" for more information.
>>> print("hello world!")
hello world!
>>>
```

图 1-10　输出"hello world!"

4. 配置 Python 环境变量

Python 3.7 安装完成后，要确保它能够在电脑上正常运行，需要在 Windows 的 DOS 窗口中进行验证。这就需要我们在电脑中配置好环境变量。

步骤 01：右击【我的电脑】图标，接着单击【属性】选项，如图 1-11 所示。

步骤 02：在系统属性界面，单击【高级系统设置】选项，如图 1-12 所示。

图 1-11　【我的电脑】右键菜单

图 1-12　系统属性

步骤 03：弹出【系统属性】对话框，单击【高级】选项，然后单击【环境变量 (N)...】按钮，如图 1-13 所示。

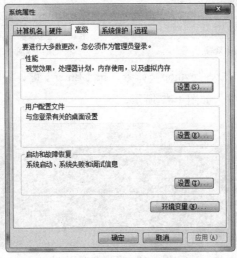

图 1-13　系统属性高级菜单

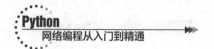

步骤04：弹出【环境变量】对话框，单击【系统变量(S)】的【Path】选项，如图1-14所示。

图1-14　环境变量

步骤05：单击【编辑(I)...】按钮，弹出【编辑系统变量】对话框，在【变量值(V)】后的文本框内填入Python 3.7的安装目录，单击【确定】按钮保存并关闭当前对话框，如图1-15所示。

步骤06：依次单击图1-14。单击图1-13中的【确定】按钮，即可完成环境变量设置。

下面来验证环境变量设置是否成功，单击【开始】→【运行】，在【打开(O)】后的文本框内输入"cmd"，单击【确定】按钮，如图1-16所示。

图1-15　编辑Path系统变量

图1-16　运行窗口

在【DOS命令行】窗口输入"python"命令，按【Enter】键，界面会显示出Python安装版本等信息，并出现Python提示符，如图1-17所示。

图1-17　命令行窗口

到此为止，Python 3.7在Win 7操作系统下的安装全部完成。

1.2.2　在 Linux 上安装 Python

1. 查看 Linux 系统中 Python 版本

Linux 操作系统的很多应用会用到 Python，如 Ubuntu 的 apt-get，所以 Linux 操作系统都已安装好了 Python，那么如何查看 Linux 系统中 Python 版本呢？

步骤 01：打开 Ubuntu Desktop 16.04 系统，在桌面单击右键，打开快捷菜单，单击【Open Terminal】选项，如图 1-18 所示。

步骤 02：进入 Terminal 界面，输入"python --version"后按【Enter】键，屏幕会显示当前操作系统已安装好的 Python 版本，如图 1-19 所示。

图 1-18　右键菜单

图 1-19　查看 Python 版本

如果用户不追求高版本的话，输入"python"即可进行 Python 开发，如图 1-20 所示。

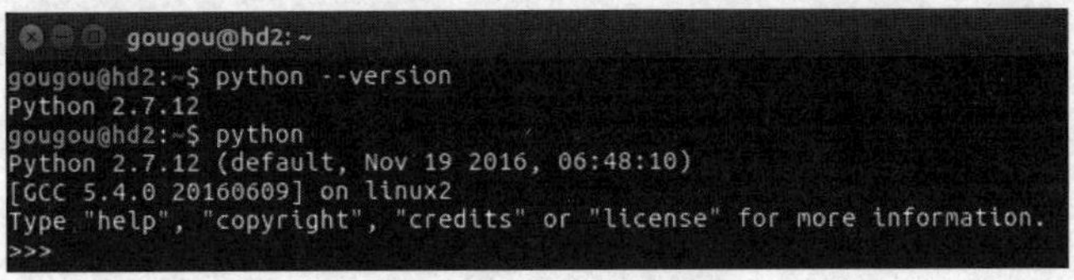

图 1-20　Python 命令提示

2. 安装配置 Python 3.X

由于Python版本要和操作系统保持一致，因此如果升级Python版本，不能卸载以前的Python版本。下面介绍如何安装 Python 3.7.2 版本。

步骤 01：进入 Terminal 界面，输入"wget http://www.python.org/ftp/python/3.7.2/Python-3.7.2.tgz"。

步骤 02：按【Enter】键，下载 Python 3.7.2 安装包，图中加方框数字表示下载进度，下载完成会显示"100%"的字样，如图 1-21 所示。

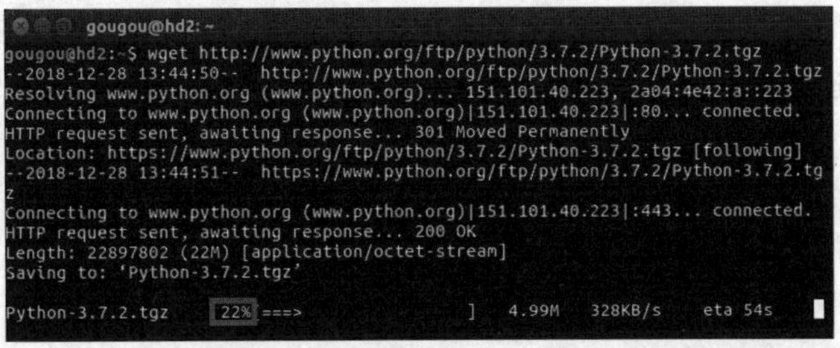

图 1-21　下载 Python3.7.2 安装包

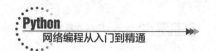

步骤 03：解压 Python 3.7.2 安装包，输入"tar -xvzf Python-3.7.2.tgz"。

步骤 04：等待解压安装包，成功解压界面，如图 1-22 所示。

```
gougou@hd2: ~
Python-3.7.2/Objects/clinic/bytearrayobject.c.h
Python-3.7.2/Objects/clinic/enumobject.c.h
Python-3.7.2/Objects/clinic/bytesobject.c.h
Python-3.7.2/Objects/clinic/floatobject.c.h
Python-3.7.2/Objects/clinic/funcobject.c.h
Python-3.7.2/Objects/clinic/longobject.c.h
Python-3.7.2/Objects/clinic/dictobject.c.h
Python-3.7.2/Objects/clinic/structseq.c.h
Python-3.7.2/Objects/clinic/tupleobject.c.h
Python-3.7.2/Objects/clinic/moduleobject.c.h
Python-3.7.2/Objects/clinic/odictobject.c.h
Python-3.7.2/Objects/bytearrayobject.c
Python-3.7.2/Objects/typeobject.c
Python-3.7.2/Objects/lnotab_notes.txt
Python-3.7.2/Objects/methodobject.c
Python-3.7.2/Objects/tupleobject.c
Python-3.7.2/Objects/obmalloc.c
Python-3.7.2/Objects/object.c
Python-3.7.2/Objects/abstract.c
Python-3.7.2/Objects/listobject.c
Python-3.7.2/Objects/bytes_methods.c
Python-3.7.2/Objects/dictnotes.txt
Python-3.7.2/Objects/typeslots.inc
gougou@hd2:~$
```

图 1-22　解压 Python-3.7.2 安装包

步骤 05：输入"cd Python-3.7.2"后便可进入 Python-3.7.2 的目录。

步骤 06：依次输入以下命令后，按【Enter】键，安装 Python-3.7.2。

```
./configure --with-ssl
make
sudo make install
```

温馨提示

由于缺失依赖包，安装可能会报错，如图 1-23 所示。

```
zipimport.ZipImportError: can't decompress data; zlib not available
Makefile:1130: recipe for target 'install' failed
make: *** [install] Error 1
root@hd2:/home/gougou/Python-3.7.2#
```

图 1-23　安装报错信息

这时需要进入安装目录 Python-3.7.2/Modules/，双击打开 Setup 文件，找到第 338 行，将前面的"#"删掉，然后保存，如图 1-24 所示。

```
#zlib zlibmodule.c -I$(prefix)/include -L$(exec_prefix)/lib -lz
```

图 1-24　zlib 设置

步骤 07：重新运行以下命令。

```
make
sudo make altinstall
```

步骤 08：安装成功，如图 1-25 所示。

```
Installing collected packages: setuptools, pip
Successfully installed pip-18.1 setuptools-40.6.2
root@hd2:/home/gougou/Python-3.7.2# python3
Python 3.7.2 (default, Dec 28 2018, 16:11:43)
[GCC 5.4.0 20160609] on linux
Type "help", "copyright", "credits" or "license" for more information.
>>>
```

图 1-25　安装成功

1.2.3　集成开发环境 PyCharm

在 1.2.1 小节中提到，Python 安装完成后，可以单击【开始】→【所有程序】→【Python 3.7】→【IDLE（Python 3.7 64-bit）】，打开【Python 3.7.2 shell】窗口，实现 Python 的开发，但这只适合快速简单代码的开发模式，不适合大型复杂的开发模式，所以我们需要寻找更专业的开发工具。

"工欲善其事，必先利其器"，作为 Python 专业开发人员和初学者都青睐的 IDE，PyCharm 有一整套工具可以帮助用户在开发时提高工作效率，如语法高亮、智能提示、项目管理、单元测试、版本控制等。此外，它还支持 Django 框架下的专业 Web 开发，而且支持多种平台（Windows/MacOS/Linux）。本书后续章节都将采用 PyCharm 作为开发环境，完成 Python 开发。

1. PyCharm 安装过程

我们以 Windows 系统为例讲解 PyCharm 的安装过程，PyCharm 的下载网址为"https://www.jetbrains.com/pycharm/download/#section=windows"。

步骤 01：进入 PyCharm 官网，单击【DOWNLOAD】按钮，下载安装包"pycharm-professional-2018.3.2.exe"，如图 1-26 所示。

图 1-26　PyCharm 下载页面

步骤 02：双击安装包，打开欢迎窗口，单击【Next>】按钮，如图 1-27 所示。

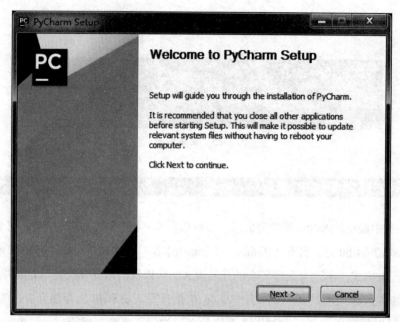

图 1-27　欢迎窗口

步骤 03：在【Choose Install Location】窗口中单击【Browse...】按钮，选择安装路径，然后单击【Next>】按钮，如图 1-28 所示。

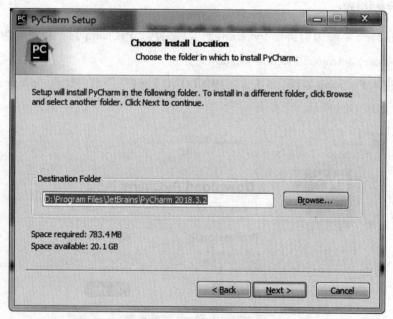

图 1-28　安装路径选择

步骤 04：在【Installation Options】窗口中勾选【64-bit launcher】和【.py】两个复选框，然后单击【Next>】按钮，如图 1-29 所示。

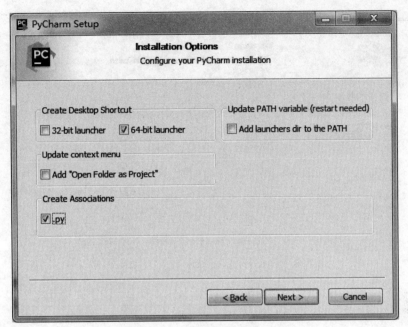

图 1-29 Installation Options 窗口

步骤 05：在【Choose Start Menu Folder】窗口中设置 PyCharm 位于开始菜单里的名称，这里保持默认，单击【Install】按钮，如图 1-30 所示。

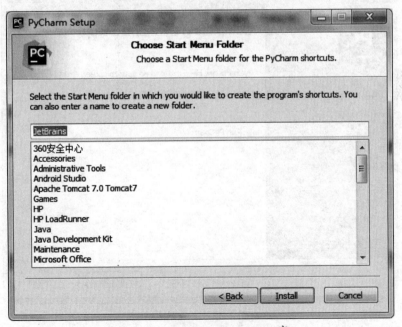

图 1-30 Choose Start Menu Folder 窗口

步骤 06：显示安装进度，如图 1-31 所示。

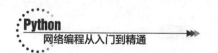

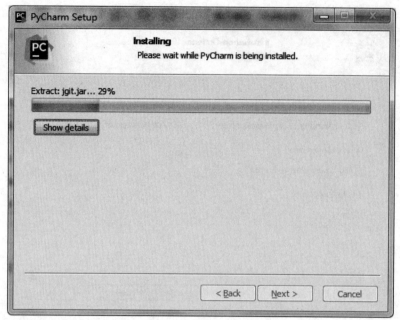

图 1-31　安装进度

步骤 07：安装完成后单击【Finish】按钮，结束安装，如图 1-32 所示。

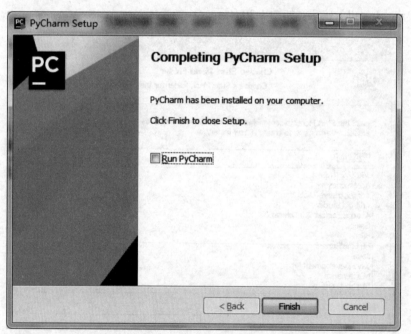

图 1-32　安装完成

2. PyCharm 设置

步骤 01：单击【开始】→【所有程序】→【JetBrains】→【JetBrains PyCharm 2018.3.2】，打开【Complete Installation】对话框，选中【Do not import settings】按钮，单击【OK】按钮，如图 1-33 所示。

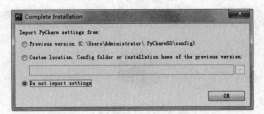

图 1-33　Complete Installation

温馨提示

Previous version(C:\Users\Administrator\.PyCharm50\config)：导入之前的版本信息。

Custom location.Config folder or installation home of the previous version: 导入之前在某一路径下设置好的配置，单击 按钮，选择路径。

Do not import settings：不导入设置。

步骤 02：接下来是同意协议，选择发送或不发送邮件，然后进入窗口风格选择界面，PyCharm 提供了 "Darcula" 和 "Light" 两个界面风格选择，可根据个人喜好选择界面风格，如图 1-34 所示。

图 1-34　UI 界面风格选择

如果想下载更多的风格库，可以单击【Next：Featured plugins】按钮下载。

步骤 03：PyCharm 的注册认证，PyCharm 专业版需付费使用，用户可在官网购买，PyCharm 为教师和学生提供了免费版。大家也可以使用试用版，但缺少如 Web 开发、Python Web 框架、Python 的探查、远程开发能力、数据库和 SQL 支持等功能。注册认证成功后进入 Pycharm 欢迎窗口，如图 1-35 所示。

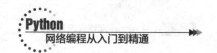

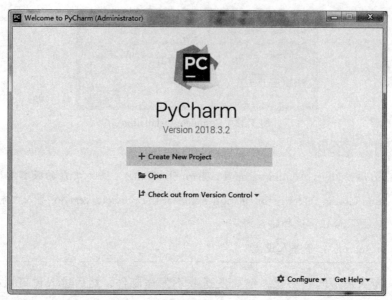

图 1-35　PyCharm 欢迎窗口

欢迎窗口的三个选项说明如下。

Create New Project：创建新项目。

Open：打开一个项目。

Check out from Version Control：从版本库中迁出。

3. PyCharm 完成一个简单的 Python 代码

步骤 01：单击【+Create New Project】按钮，弹出【New Project】对话框，左侧列表可选择想要创建的项目类别，【Location】则是选择项目保存的路径和名称，选择【Pure Python】选项，在【Location】文本框中输入项目存放路径和名称，单击【Create】按钮，如图 1-36 所示。

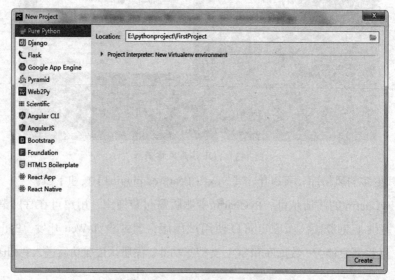

图 1-36　New Project 对话框

步骤 02：进入 PyCharm 主界面，选中项目名称右击，单击【New】→【Python File】菜单项，如图 1-37 所示。

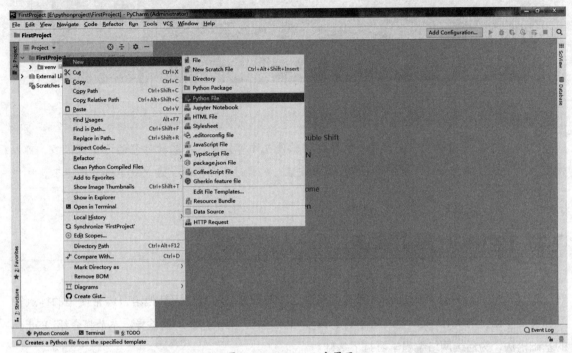

图 1-37　PyCharm 主界面

步骤 03：打开【New Python file】对话框，在【Name】文本框中输入文件名称"myfirstpython"，单击【OK】按钮，如图 1-38 所示。

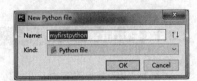

图 1-38　新建 Python 文件

步骤 04：在右侧的代码编辑区输入如图 1-39 所示内容。

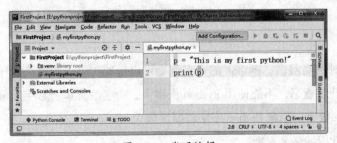

图 1-39　代码编辑

步骤 05：单击【开始】→【运行】→输入"cmd"→单击【确定】按钮，在 Dos 操作界面输入以下执行代码：

```
python E:\pythonproject\FirstProject\myfirstpython.py
```

按【Enter】键，执行结果如图 1-40 所示。

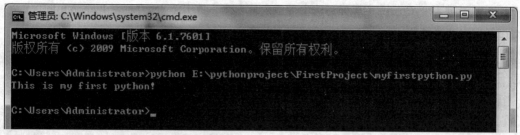

图 1-40　执行结果

温馨提示

Python 中某些功能及命令需要安装特定的软件包才可实现，安装软件包的方法有很多，可以使用 pip、conda 安装，还可以使用 easy_install 安装。安装过程很简单，这里就不详细描述了。

1.3 Python 基本语法

Python 的目标是让代码具备高度的可阅读性，在设计时尽量使用其他语言经常使用的标点符号和英文单词，与 Java、C、Perl 等语言有许多相似之处，但也存在一些差异。本节将介绍 Python 的基础语法，为后续网络编程学习打下基础。

1.3.1 Python 编码规则

每种开发语言都有自己的编码规则，Python 也一样，包括命名规则、书写规则、注释规则等。Python 文件采用 UTF-8 编码，文件头部加入 "#-*-coding:utf-8-*-" 标识。本节将重点介绍 Python 中常用的编码规则。

1. 命名规则

命名规则是一种书写习惯，Python 的命名规则可以借鉴 Java。为提高程序可读性，命名要有意义，一看就知道什么意思，不能使用 Python 保留字。命名的标识符数字不能做开头，其组成可以是字母、下划线和数字，注意 Python 中字母要区分大小写。

下面介绍一些常用的命名规则。

(1) 包名、模块名

包名和模块名应简短，尽量使用小写命名，不要用下划线，如果词量大可以加入下划线增强可读性，如 "mymodule" 这样的命名就是允许的，而 "Mymodule" 这样的命名方式则不推荐。

(2) 类名、对象名、属性、方法

类名首字母大写，私有类可用一个下划线开头，其他字母小写。对象名全采用小写字母。类的属性和方法名以对象作为前缀，对象通过"."访问属性和方法。方法名首字母小写，其他单词首字母大写，使用"self"作为实例方法的第一个参数。

```
class Student:                              # 类名 Student 首字母大写
    ...
    def __init__(self,name)                # 使用"self"作为实例方法的第一个参数
    ...
    def getName(def)                       # 方法名 getName 首字母小写，其他单词首字母大写
    ...
student = Student("delphi")             # 对象名 student 小写
print student.getName( )                   # 对象通过"." 访问方法
```

(3) 函数名

函数名通常小写，可以用下划线或单词首字母大写增加可读性，导入的函数以模块名为前缀。如果一个函数的参数名称和保留的关键字冲突，通常使用一个后缀下划线。如：myfunction 可写作 my_example_function。

(4) 变量名、常量名

很多开发人员对变量名的命名很随意，常常用 j、i、k 等单个字母命名，可读性差。变量名的命名也有一定的规范，变量名应全部小写，用下划线连接各个单词，比如：school_name。私有类成员变量使用单一下划线前缀标识，如：_name。

常量名的所有字母都要大写，可用下划线连接各个单词，如：MAX_OVERFLOW、TOTAL。

2. 缩进、冒号、空格、空行

Python 中不用"begin...end"或者"大括号"来分隔代码块，而是用代码缩进和冒号来区分代码层次结构。使用编码器可以实现缩进及添加冒号的功能，最好不要使用 Tab 键，更不能混合使用 Tab 键和空格。每行代码最好不超过 80 个字符。

在 Python 编码中空格的使用也很常见，一般在运算符（=,-,+=,==,>,in,is not,and）两边各加一个空格，在逗号、冒号、分号及各种右括号前，函数和序列的左括号前则不要加空格。

空行不是 Python 语法的一部分，即使不空行，Python 解释器也不会报错，但空行便于以后代码维护。一般模块级函数和类定义之间空两行；类成员函数之间空一行；分隔多组相关的函数可以使用多个空行；函数中可以使用空行分隔出逻辑相关的代码。

3. 模块导入规范（import）

import 语句应该放在文件头部，每组之间用一个空行分隔，分行书写。模块的导入可以用"import"和"from...import..."两种方式完成，它们的区别在于前者只导入模块的一部分内容，并在当前命名空间创建导入对象引用，后者在当前命名空间创建导入模块引用，可以使用"类名 . 属性"的方式调用。

4. 注释

注释是代码的一部分，是对代码的说明，对后续代码维护也有好处。Python 可以对一行代码进行注释，也可以对一段代码进行注释。如果对一行代码进行注释，至少使用两个空格将语句分开，然后输入"#"号，接着空一格，最后输入注释内容，按回车键结束；如果对一段代码进行注释，同样使用"#"号，段落间用空行分开。

1.3.2 Python 变量与常量

变量是存储在计算机内存里的一块区域，它的值可以变化；常量是一块只读的内存区域，一旦赋值则不可更改。

1. 变量赋值

Python 中的变量不需要声明，变量的赋值就是变量声明和定义的过程，但是如果变量未被赋值，则被视为不存在。每个变量在内存中创建，都包括变量的标识、名称、数据等信息，下面来看一个例子。

```
x = 1                    #给 x 赋值为 1
Print( id(x))            #输出变量 x 的标识符，结果为 8791501366096
x = 2                    #给 x 赋值为 2
Print( id(x))            #输出变量 x 的标识符，结果为 8791501366128
```

由此可以看出，变量的每一次新的赋值，计算机都会分配一个内存区域，就算变量名一样，但是变量标识符也不一样。

也可以对多个变量一起赋值，如下所示。

```
a = (1,2,3)              #定义一个序列 a
(x,y,z) = a              #序列 a 中的值赋值给 x, y, z
print(x)                 #输出 x 的值为 1
print(y)                 #输出 y 的值为 2
print(z)                 #输出 z 的值为 3
```

通过序列的定义和拆分，实现了同时对多个变量的赋值。

2. 全局变量

全局变量是指能被所有函数、类和文件共享的变量，它被定义在函数之外，一般定义在文件的开始处。具体看下面的例子。

```
_a = 1                   #定义全局变量 _a=1
_b = 2                   #定义全局变量 _b=2
def add():               #定义函数 add（）
    global _a            #引用全局变量 _a
```

```
    _a = 3                          #给全局变量 _a 赋值为 3
    return "_a+_b=",_a + _b         #返回 _a+_b 的值
print(add())                        #输出结果为 5
```

全局变量 _a 和 _b 被函数 add() 引用，但是 add() 函数内部改变全局变量 _a 的值，要使用 global 进行引用，然后才可以重新进行赋值，最后返回 _a + _b 的值为 5。

3. 局部变量

局部变量是指只能在代码段或函数内部使用的变量，代码段或函数一旦运行结束，局部变量生命周期也就结束了，外部不能调用局部变量。具体看下面的例子。

```
def fun():                          #定义函数 fun
    x = 1                           #定义局部变量 x=1
    Print(x)                        #输出 x 的值为 1
y = x + 1                           #定义变量 y，其值为 x+1（运行报错，提示 "x" 未被定义）
```

由上面的例子可以看出，x 作为局部变量定义在 fun() 函数中，函数运行结束，x 的生命周期也就结束，y 作为外部变量要调用已经结束的内部变量 x，肯定就会报错。

4. 常量

常量是一旦初始化就不能更改的固定值，在 Java、C++ 都由保留字来定义常量，Python 中则没有提供常量的保留字，但是可以定义一个常量类来实现常量的功能。具体看下面的例子。

```
class _const:                               #定义常量类 const
    class ConstError(TypeError):pass        #定义继承 TypeError 的异常类 ConstError
    def __setattr__(self,name,value):       #定义 __setattr__ 方法
     if name in self.__dict__:              #判断常量是否在字典中
       raise self.ConstError("Can't rebind const(%s)"%name)
                                            #如果在字典中则抛出异常
     self.__dict__[name] = value            #如果不在字典中则赋新值
import sys                                  #导入模块 sys
sys.modules[__name__] = _const()            #将 const 类注册到 sys.modules 全局字典中
```

调用 const 常量：

```
import const                        #导入 const 模块
const.magic = 23                    #定义常量 magic 的值为 23
const.magic = 33                    #常量值不能被修改，报错 (Can't rebindconst(magic))
```

1.3.3　Python 基本数据类型

数据类型指的是变量所指向的内存中对象的类型。Python 中有 6 种基本数据类型，分别是

Number（数字）、String（字符串）、Tuple（元组）、List（列表）、Dictionary（字典）、Set（集合）。
内置函数 type() 可以用来查询变量所指的对象类型，也可用 isinstance 来判断对象类型。

1.Number（数字）

数字型的数据类型，Python 3 支持 int(长整型)、float、bool、complex（复数）。

```
a,b,c,d = 1,1.0,True,1+2j
print(type(a),type(b),type(c),type(d))
```

输出结果为：<class 'int'> <class 'float'> <class 'bool'> <class 'complex'>。

对 a、b、c、d 四个变量定义数据类型依次为 int(长整型)、float、bool、complex（复数），输出结果与定义类型一致。

温馨提示

Python 3 中没有 Python 2 的 long 类型。Python 3 中，True 和 False 是关键字，它们的值分别是 1 和 0，它们可以和数字相加 (Python 2 中是没有布尔型的，它用数字 0 表示 False，用 1 表示 True)。

2.String（字符串）

Python 中的字符串用单引号""或双引号""括起来，同时使用反斜杠"\"转义特殊字符。单引号和双引号的效果一样，看下面的代码。

```
str = "hello world"
str = 'hello world'
```

上面两句代码是等效的，如果都用 print(str) 输出的话，结果都为"hello world"。

除了单引号、双引号，Python 中还有三引号，它的作用是输出单引号、双引号或换行等字符。

```
str = '''he say:"hello world!"'''
print(str)                          #输出结果为 he say:"hello world!"
```

Python 中的转义字符为"\"，如果要输出特殊意义的字符就需要用到它。使用三引号和双引号不需要使用转义字符，解释器能识别其内的字符是需要全部输出的，如果是单引号，里面又使用了特殊字符，如双引号，则需要使用转义字符，写法如下：

```
str = 'he say:\"hello world\"'
print(str)                          #输出结果为 he say:"hello world!"
```

反斜杠可以用来转义，使用"r"可以让反斜杠不发生转义，字符串可以用"+"运算符连接在一起，用"*"运算符重复，字符串可以被索引和截取，从左至右以 0 开始，从右至左以 –1 开始。

3.List（列表）、Tuple（元组）

(1)List（列表）

List（列表）是 Python 中最常用的数据类型。列表中元素的类型有多种，可以相同也可以不相同，它支持数字、字符串甚至可以包含列表（即嵌套）。列表是写在方括号"[ ]"之间，用逗号分隔开的元素列表。列表可以被索引和截取，列表被截取后返回一个包含所需元素的新列表。

列表中各元素的索引值，从左到右依次是 0，1，2，3，4，从右到左依次是 -1，-2，-3，-4，-5，如图 1-41 所示。

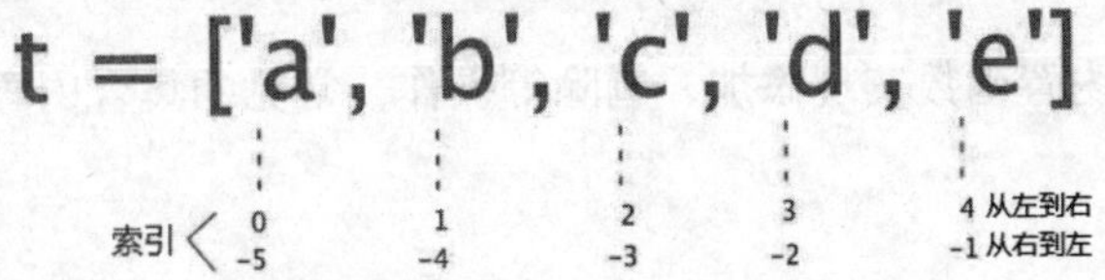

$$t = ['a', 'b', 'c', 'd', 'e']$$

索引：0/-5　1/-4　2/-3　3/-2　4 从左到右 / -1 从右到左

图 1-41　列表 t 的索引值

列表的语法格式为变量 [头下标 : 尾下标]，列表元素截取显示示例如下。

```
lista = [ 'abc', 888 , 2.22, 'def', 70.2 ]
listb = [123, 'runoob']
print(lista)                # 输出完整列表 [ 'abc', 888 , 2.22, 'def', 70.2 ]
print(lista[0])             # 输出列表第一个元素 abc
print(lista[1:3])           # 从第二个开始输出到第三个元素 [888 , 2.22]
print(lista[2:])            # 输出从第三个元素开始的所有元素 [2.22, 'def', 70.2]
print(listb * 2)     # 输出两次列表 [123, 'runoob', 123, 'runoob']
print(lista + listb)   # 连接列表 [ 'abc', 888 , 2.22, 'def', 70.2, 123, 'runoob']
```

(2)Tuple（元组）

Tuple（元组）与 List（列表）类似，不同之处在于元组需要写在小括号"()"里，元组的元素不能修改，并且元素之间要用逗号隔开。

温馨提示

和 String 一样，List、Tuple 都属于 Sequence（序列），能够被索引和截取。

4.Dictionary（字典）

列表是有序的对象集合，字典是无序的对象集合。两者之间的区别在于字典当中的元素是通过键来存取的，列表中的元素是通过存放顺序来读取的。

字典是一种映射类型，用"{ }"标识，它是一个无序的键 (key)：值 (value) 的集合，键 (key) 必须使用不可变类型，在同一个字典中，键 (key) 必须是唯一的。看下面的例子。

```
dicta = {'name': 'Jack','course':'math', 'score': 80}    #定义字典dicta
print (dicta.keys())            # 输出结果：dict_keys(['name','course','score'])
print (dicta.values())          # 输出结果：dict_values(['Jack','math',80])
print (dicta['score'])          # 输出结果：80
```

字典类型也有一些内置的函数，如 clear()、keys()、values() 等。

5.Set（集合）

Set（集合）是一个无序的不重复元素序列，可以用大括号"{ }"或者 set() 函数创建集合，创建一个空集合必须用 set()。示例如下。

```
basket = {'apple', 'orange', 'apple', 'pear', 'orange', 'banana'}
print(basket)            #去掉重复的，输出结果：{'orange', 'banana', 'pear', 'apple'}
'banana' in basket       #判断元素是否在集合内，输出结果：True
```

集合可以通过一些内置函数实现添加、删除等操作，常见的集合内置方法有 17 种，如表 1-2 所示。

表 1-2 集合内置方法列表

方法	描述
add()	为集合添加元素
clear()	移除集合中的所有元素
copy()	拷贝一个集合
difference()	返回多个集合的差集
difference_update()	移除集合中的元素，该元素在指定的集合也存在
discard()	删除集合中指定的元素
intersection()	返回集合的交集
intersection_update()	删除集合中的元素，该元素在指定的集合中不存在
isdisjoint()	判断两个集合是否包含相同的元素，如果没有返回 True，否则返回 False
issubset()	判断指定集合是否为该方法参数集合的子集
issuperset()	判断该方法的参数集合是否为指定集合的子集
pop()	随机移除元素
remove()	移除指定元素
symmetric_difference()	返回两个集合中不重复的元素集合
symmetric_difference_update()	移除当前集合中与另外一个指定集合相同的元素，并将另外一个指定集合中不同的元素插入到当前集合中
union()	返回两个集合的并集
update()	给集合添加元素

6. 数据类型转换

数据类型的转换，只需要将数据类型作为函数名即可。可以执行数据类型之间转换的内置函数有 15 种，如表 1-3 所示。

表 1-3　数据类型转换函数列表

函数	描述
int(x [,base])	将 x 转换为一个整数
float(x)	将 x 转换到一个浮点数
complex(real [,imag])	创建一个复数
str(x)	将对象 x 转换为字符串
repr(x)	将对象 x 转换为表达式字符串
eval(str)	用来计算在字符串中的有效 Python 表达式，并返回一个对象
tuple(s)	将序列 s 转换为一个元组
list(s)	将序列 s 转换为一个列表
set(s)	转换为可变集合
dict(d)	创建一个字典。d 必须是一个序列 (key,value) 元组
frozenset(s)	转换为不可变集合
chr(x)	将一个整数转换为一个字符
ord(x)	将一个字符转换为它的整数值
hex(x)	将一个整数转换为一个十六进制字符串
oct(x)	将一个整数转换为一个八进制字符串

这些函数返回一个新的对象，表示转换的值。

1.3.4　运算符与表达式

Python 运算包括赋值运算、算术运算、逻辑运算和关系运算。赋值运算最简单，用"="表示。算术运算包括四则运算、求模运算、求幂运算。

Python 中最常用的算术运算符有 7 个，如表 1-4 所示。

表 1-4　算术运算符及表达式

（注：假设变量 x=10，y=21）

运算符	描述	实例
+	加：两个对象相加	x+y 输出结果 31
−	减：得到负数或是一个数减去另一个数	x-y 输出结果 −11
*	乘：两个数相乘或是返回一个被重复若干次的字符串	x*y 输出结果 210
/	除：x 除以 y	y/x 输出结果 2.1
%	取模：返回除法的余数	y%x 输出结果 1
**	幂：返回 x 的 y 次幂	x**y 为 10 的 21 次方
//	取整除：向下取接近除数的整数	y//x 输出结果 2

Python 关系运算符和表达式有 6 种，如表 1-5 所示。

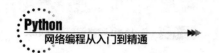

表1-5　关系运算符及表达式

（注：假设变量 x=10，y=21）

运算符	描述	实例
==	等于：比较对象是否相等	(x == y) 返回 False
!=	不等于：比较两个对象是否不相等	(x != y) 返回 True
>	大于：比较 x 是否大于 y	(x > y) 返回 False
<	小于：比较 x 是否小于 y。所有比较运算符返回 1 表示真，返回 0 表示假。这分别与特殊的变量 True 和 False 等价。注意，这些变量名的大写	(x < y) 返回 True
>=	大于等于：比较 x 是否大于等于 y	(x >= y) 返回 False
<=	小于等于：比较 x 是否小于等于 y	(x <= y) 返回 True

Python 逻辑运算符和表达式有 3 种，如表 1-6 所示。

表1-6　逻辑运算符及表达式

（注：假设变量 x=10，y=21）

运算符	逻辑表达式	描述	实例
and	x and y	布尔"与"：如果 x 为 False，x and y 返回 False，否则它返回 y 的计算值	(x and y) 返回 21
or	x or y	布尔"或"：如果 x 是 True，它返回 x 的值，否则它返回 y 的计算值	(x or y) 返回 10
not	not x	布尔"非"：如果 x 为 True，返回 False。如果 x 为 False，它返回 True	not(x and y) 返回 False

　　Python 中的运算符是有优先顺序的，算术运算符高于关系运算符，关系运算符高于逻辑运算符，如果表达式中有多种运算符，Python 会根据优先级的先后顺序从高到低进行计算。

　　Python 有 7 种运算符，前面介绍了常见的算术运算符、关系运算符、赋值运算符、逻辑运算符，还有位运算符、成员运算符、身份运算符。位运算符是把数字看作二进制来进行计算，它包括 &（与）、|（或）、^（异或）、~（取反）、<<（左移）、>>（右移）；成员运算符包括 in 或 not in，in 的意思是如果在指定的序列中找到值返回 True，否则返回 False，not in 的意思则相反；身份运算符是用于比较两个对象的存储单元，包括 is 和 is not，is 是判断两个标识符是不是引用自一个对象，is not 是判断两个标识符是不是引用自不同对象。

➤ 新手问答

01 Python 有哪些优缺点?

答：Python 和其他开发语言一样，也有它自身的优点和缺点。

优点如下：

● Python 是一种解释型的、面向对象的、带有动态语义的高级程序设计语言。

● 简单、易学、开源。

● 无须考虑如何管理程序使用内存一类的底层细节。

● 可被移植在许多平台上。

缺点如下：

● 运行速度慢。Python 运行速度很慢，如 Java 运行需要 0.01 秒，Python 可能要 0.1 秒，相差 10 个级别，只是这样的速度变化，我们感受不到而已。如果有速度要求，则最好用 C++ 改写关键部分。

● 代码不能加密。编译型的语言只需要把编译后的机器码发布出去，而解释型的语言，则必须把源码发布出去，所以如果要发布 Python 程序，实际上就是发布源代码。

02 适合做 Python 开发的 IDE 还有哪些？

答： 适合 Python 开发的 IDE 有很多，除了本章介绍的 PyCharm 之外，还有 Eclipse + PyDev、Visual Studio + PTVS、Ulipad、Spyder、Sublime Text。

Eclipse + PyDev：Eclipse 有强大的调试功能和舒适的编辑环境，依靠 Eclipse，PyDev 赢得了许多人的青睐。

Visual Studio + PTVS：Visual Studio 也可作为 Python IDE 来使用。只需在 Visual Studio 的基础上，安装 PTVS(Python Tools for Vistul Studio) 插件，即可快速将 Visual Studio 变成 Python IDE 来使用。

Ulipad：Ulipad 是我国的 limodou 编写的专业 Python 编辑器，它基于 wxPython 开发的 GUI(图形化界面)，前身是 NewEdit。

Spyder：Spyder(就是原来著名的 Pydee) 是一个强大的交互式 Python 语言开发环境，属于 Python(x,y) 的一部分，完整的 Python(x,y) 大于 400MB，集成了科学计算常用的 Python 第三方库。

Sublime Text：Sublime Text 是在开发者中使用最流行的编辑器之一，多功能，支持多种语言，而且在开发者社区也非常受欢迎。

牛刀小试

【案例任务】

截取字符串 "abcd" 里的四个字母，输出为如下图形。

```
        a
      b   b
    c   c   c
  d   d   d   d
```

【技术解析】

本案例主要使用了字符串截取和嵌套循环，思路如下。

1. 定义字符串 t= "abcd"，通过 len() 函数获取字符串 t 的长度。

2. 最外层循环，输出 4 行数据，循环 4 次。

3. 两个内层循环，一个输出空格，一个输出字母，由于图形居中，因此打印的左边空格的个数应该是字符串长度 l-i，而字母则根据 t[i-1]，依次输出 "a"，"b"，"c"，"d"。

【编程实现】

代码实现及分析（example1-1.py）如下。

```
t = "abcd"                      #定义字符串 t
l = len(t) + 1                  #字符串长度 +1=5
for i in range(l):              #循环 4 次
    for j in range(0, l - i):   #循环 0 至 l-i 次
        print(end=" ")          #输出空格
    for k in range(l - i, l):   #循环 l-i 至 l 次
        print(t[i-1], end=" ")  #依次输出字符串 t 中的值
    print("")                   #输出空格
```

▶ 本章小结

本章介绍了 Python 的发展历程和应用范围，主要介绍了 Python 在 Windows 环境和 Linux 环境下的搭建和 PyCharm 开发工具的基本使用，讲解了 Python 基本语法结构，包括文件类型、编码规则、变量、常量、数据类型以及运算符和表达式等内容。这些知识都是 Python 开发的基础，必须熟练掌握。

第 2 章
Python 模块与函数

本章导读

本章主要介绍 Python 的模块与函数。复杂的业务系统通常会被分解成一个一个的小任务，实现这些小任务的就是模块，完成这些模块则需要依靠函数。简单地说，在编程中，模块内有许多函数方法，它们使得 Python 代码更容易管理和理解。接下来将详细介绍 Python 的模块和函数的知识与特性，帮助读者掌握 Python 中模块与函数的开发。

知识要点

● Python 程序结构

● 模块的创建及使用

● Python 常用模块及内置模块

● 函数的创建及使用

2.1 Python 程序结构

Python 程序由包 (Package)、模块 (Module)、函数和类组成。包是一系列的模块组成的集合，模块是处理某个问题的函数和类组成的集合。包、模块、函数三者的关系如图 2-1 所示。

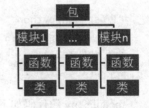

图 2-1 包 - 模块 - 函数关系图

温馨提示

模块可以由 0 个函数和 0 个类组成，也可以由多个函数和多个类组成，函数和类的个数取值从 0-n。

2.1.1 Python 包结构

为了组织好模块，我们将多个模块放到包里面进行管理，包是一个分层次的目录结构，简单地说包就是文件夹，包下面还可以有子包，但是包里至少包含一个 __init__.py 文件（该文件可以为空）。__init__.py 文件是为了标识该文件夹是包，结构如下。

```
package_test
├──   __init__.py
├──   module1.py
└──   module2.py
```

2.1.2 包的引用

Python 中除了用户创建的包之外还自带了许多工具包，如图形用户接口、字符串处理、图形图像处理、Web 应用等。这些包在 Python 的安装目录下的 lib 子目录中。包的导入可以使用 import、from ... import 语句。

例如引用 package_test 中的 module1，使用下面两种方法都可以。

```
from package_test import module1
或
import package_test.module1
```

2.1.3 案例应用

为了更好地理解 Python 中包、模块、函数的关系，具体来看下面的实例：创建项目-包-模块-函数。

步骤 01：新建 Python 项目：pythoncode。

步骤 02：在项目 pythoncode 下新建 package_test 包。

步骤 03：在包 package_test 下新建 module1.py、module2.py 两个 Python file。

module1.py 源代码如下：

```
#!/usr/bin/python
# -*- coding: UTF-8 -*-
def module1():
    print("I'm in run module1")
```

module2.py 源代码如下：

```
#!/usr/bin/python
# -*- coding: UTF-8 -*-
def module2():
```

```
    print("I'm in run module2")
```

步骤 04：为使模块导入更简单，在文件目录中添加 __init__.py 文件，当用 import 导入包时，会执行 __init__.py 里面的代码。

__init__.py 源代码如下：

```
#!/usr/bin/python
# -*- coding: UTF-8 -*-
if __name__ == '__main__':
    print(" 作为主程序运行 ")
else:
    print("package_test 初始化 ")
```

步骤 05：在 package_test 同级目录下创建 test.py 来调用 package_test 包。

test.py 源代码如下：

```
#!/usr/bin/python
# -*- coding: UTF-8 -*-
from package_test.module1 import module1
from package_test.module2 import module2
module1()
module2()
```

运行结果如图 2-2 所示。

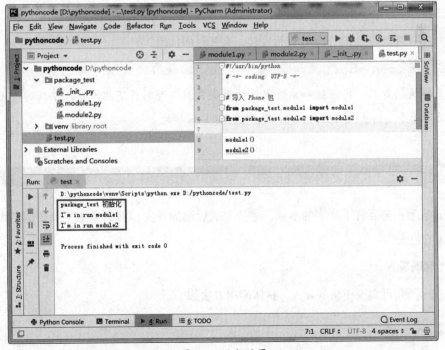

图 2-2　运行结果

2.2 模块

Python 程序由一个一个的模块构成，模块在 Python 中是很重要的概念。Python 模块以 .py 结尾，包含了 Python 对象定义和 Python 语句。模块除了能定义函数、类和变量，还能按一定的逻辑组织代码，让代码更好用、更易懂。此外，项目中的其他模块可以引用该模块，从而使用该模块里的函数等功能。

2.2.1 模块的创建

Python 中一个文件就是一个模块，模块由代码、函数和类组成。也就是说，创建一个 Python 文件 module1.py，也就创建了一个名为"module1"的模块。

在 Python 中模块分为三种。

1. 系统内置模块

sys、json、time 模块等。

2. 自定义模块

自定义模块是自己写的模块，如 2.1.3 小节中创建的 module1.py、module2.py。自定义模块对某段逻辑或某些函数进行封装后可供其他函数调用。

3. 第三方的开源模块

这部分模块可以通过 pip install 进行安装，有开源的代码。

温馨提示

自定义模块的命名一定不能和系统内置的模块重名，否则将不能再导入系统的内置模块。例如，自定义了一个 sys.py 模块后，就无法使用系统的 sys 模块。

2.2.2 模块的导入

Python 新手一定要打下坚实的基础，才能完成后续的开发。前面介绍了什么是模块，那么如何导入模块或包呢？

1. import 常规导入

用 import 语句可实现模块的导入，具体使用方法如下。

```
import 模块名称
```

2. 系统内置模块导入

我们以导入 Python 内置函数 math 为例，求某个负数的绝对值，代码如下：

```
#!/usr/bin/python
# -*- coding: UTF-8 -*-
import math
x=-1
y=abs(x)
print(abs(x))
```

上述代码运行的结果为"1"。

3. 自定义模块及第三方开源模块导入

定义一个模块名为"mytest.py"，"mytest.py"中定义一个函数 print_mydef，源代码如下：

```
#!/usr/bin/python
# -*- coding: UTF-8 -*-
def print_mydef(str):
    print(str)
    return
```

接下来新建一个 Python 文件 test.py，调用 mytest.py，test.py 源代码如下：

```
#!/usr/bin/python
# -*- coding: UTF-8 -*-
import mytest
mytest.print_mydef("我在这里哦！")
```

上述代码运行的结果为"我在这里哦！"

温馨提示

import 和 from...import 的区别如下。

import 和 from...import 都是导入模块的方法，使用"import"关键词是将整个模块引入，前面提到的系统内置模块导入、自定义模块及第三方开源模块导入都是使用的 import；使用 from...import 则是引入指定的部分到当前的命名空间中来，如 2.1.3 节的案例应用。

2.2.3 模块的属性

Python 中的模块可以看成是一个比类更大的对象，模块的属性便是变量名，通常被其他的文件或程序使用。一个模块在被导入后，在一个模块的顶层定义的所有变量都在被导入时成为了被导入模块的属性。

来看一个例子，创建一个模块 scriptpro.py，代码如下：

```
title="热爱生活，拥抱未来！"
```

自定义属性可以通过 2 种方法获得这个模块的 title 属性。

1. import 方法

通过 import 方法导入 scriptpro.py 模块，然后通过 scriptpro.title 获得 scriptpro 模块的 title 属性，这里的 "." 代表了 object.attribute 的语法，可以从任何的 object 中取出其任意属性。实现代码如下：

```
import scriptpro
print(scriptpro.title)
```

上述代码的运行结果为"热爱生活，拥抱未来！"

2.from ... import.... 方法

可以通过 from ... import.... 这样的语句从模块中获得模块的属性。实现代码如下：

```
from scriptpro import title
print(title)
```

上述代码的运行结果为"热爱生活，拥抱未来！"

2.2.4 模块的内置属性

对于任何一个 Python 文件来说，当 Python 解释器运行一个 .py 文件，会自动将一些内容加载到内置的属性中。

我们可以通过 dir（）方法获取该模块所有的显式或隐式的属性。

```
# -*- coding: utf-8 -*-
import os
var1 = None
class Person(object):
    pass
if __name__ == "__main__":
    print(dir())
```

可看到隐式的属性有 ['Person'、'__annotations__'、'__builtins__'、'__cached__'、'__doc__'、'__file__'、'__loader__'、'__name__'、'__package__'、'__spec__','os','var1']。

打印每个内置属性。

```
print(__name__)
print(__annotations__)
print(__builtins__)
print(__cached__)
print(__doc__)
```

```
print(__file__)
print(__loader__)
print(__package__)
print(__spec__)
```

显示结果为：

```
__main__
{}
<module 'builtins' (built-in)>
None
None
D:/pythoncode/test.py
<_frozen_importlib_external.SourceFileLoader object at 0x0000000002187630>
None
None
```

各内置属性的含义和功能如下。

__name__：该属性代表当前模块的名称，每个 .py 文件默认的属性，如果当前模块是主程序，值为 "__main__"，如果不是主程序，值为模块名。这个属性经常用来区分主程序和作为被导入模块的程序。

__annotations__：该属性对于模块文件来说，没有开放给用户使用，但对于函数来说，这个方法用来记录参数的类型和返回值。

__builtins__：该属性代表内置模块 builtins，即所有的内建函数、内置类型、内置异常等。在 Python 执行一个 .py 文件时，会将内置模块赋值给这个属性。如果不是主程序，那么这个属性是一个 builtins 模块所有方法的字典。

__cached__：缓存文件。如果是主程序，那么该属性为 None，其他模块的该属性指向该模块的 .pyc 字节文件，这样在 .py 文件不发生修改的情况下可以减少编译的时间，更快地加载上下文环境。

__doc__：模块的说明文档。.py 文件初始化时，将文件开始的说明字符串赋值给这个属性。

__file__：该属性代表文件的绝对路径。任何一个模块使用这个属性就可获得本模块的绝对路径，但是该属性只在 windows 环境下可用，在 Linux 环境下不可用。

__loader__：由加载器在导入的模块上设置的属性。访问它时将会返回加载器对象本身。

__package__：.py 文件所属包。

温馨提示

__name__、__doc__、__file__、__package__ 是可以直接使用的内置属性，其他的内置属性一般不允许直接使用。

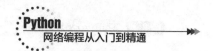
2.3 函数

函数是组织好的一段可以重复多次调用的代码，可以通过传入参数值返回结果，也可以不传入参数直接运行。Python 提供了许多内置函数，如 print()，用户还可以自定义函数。Python 的函数有许多特性，下面将一一介绍。

2.3.1 自定义函数

用户想要实现需要的功能，可以自定义函数。

语法格式如下：

```
def 函数名（参数 1=[ 参数值 ]，参数 2=[ 参数值 ],...)：
" 函数 _ 文档字符串 "
函数主体
return [ 表达式 ]
```

自定义一个函数有以下几点规则。

1. 函数代码块以 def 关键词开头，函数名可以是字母、数字或下划线组成的字符串，但不能以数字开头。

2. 函数的参数放在一对圆括号中，此处的参数为形参，参数的个数可以有一个或多个，参数之间用逗号隔开，参数赋值是可选的，括号后面以冒号结束，冒号下面就是函数的主体。

3. 函数的第一行语句可以选择性地使用文档字符串，用于存放函数说明。

4. return［表达式］结束函数，选择性地返回一个值给调用方。不带表达式的 return 相当于返回 None。

下面看一个例子，创建一个 mytest.py，函数名为 printmy，参数只有一个 str，函数主体为 print(str)，返回值为 None，代码如下：

```
# -*- coding: UTF-8 -*-
def printmy(str):
    print(str)
    return
```

函数的调用采用函数名加一对圆括号的方式，圆括号内的参数是传递给函数的具体值，也就是实参，函数调用中的实参列表分别与函数定义中的形参列表对应。格式如下。

```
函数名（参数 1，参数 2,...)
```

调用函数 printmy 代码如下：

```
printmy(" 我们一起学函数 ")
```

上述代码运行的结果为"我们一起学函数"。

温馨提示

实参必须与形参一一对应，顺序和类型必须一致，否则会出现错误。如果参数提供默认值，顺序可以不一致。

2.3.2　函数的参数

Python 的参数类型一共有 5 种：var_positional、var_keyword、positional_or_keyword、keyword_only、positional_only，其中前 4 种比较常用。

1. var_positional 参数类型

参数类型为 var_positional，即 *args 参数，只能通过位置传值，示例代码如下：

```
def say_hello(*args):
    print('hello {0}'.format(args))        # 通过位置传值
say_hello('Jack', 'Tom')
```

上述代码运行的结果为"hello ('Jack', 'Tom')"。

2. var_keyword 参数类型

参数类型为 var_keyword，即 **kwargs 参数，只能通过关键字传值，示例代码如下：

```
def func_b(**kwargs):
    print(kwargs)                          # 通过关键字传值
func_b(a=1, b=2)
```

上述代码运行的结果为"{'a': 1, 'b': 2}"。

3. positional_or_keyword 参数类型

参数类型为 positional_or_keyword，说明此参数前面没有 var_positional 类型的参数，可以通过位置或关键字传值，示例代码如下：

```
def say_hello(name):
    print('hello {0}'.format(name))        # 通过位置传值
say_hello('Jack')                          # 通过关键字传值
say_hello(name='Tom')
```

上述代码运行的结果为"hello Jack""hello Tom"。

4. keyword_only 参数类型

参数类型为 keyword_only，说明此参数前面存在 var_positional 类型的参数，只能通过关键字传值，示例代码如下：

```python
def func_b(*args, a, b):
    print(args, a, b)          # 只能通过关键字传值
func_b('test', a=1, b=2)
```

上述代码运行的结果为 "('test',) 1 2"。

2.3.3 函数的返回值

使用 return 语句得到函数的返回值，return 可以用变量也可以用表达式。示例代码如下：

```python
def showplus(x):
        return (x+1)
    print(showplus(6))
```

上述代码运行的结果为 "7"。

如果一个函数有多个 return 语句，只会返回 1 个 return 语句的值。有两种情况，顺序结构返回第 1 个 return 语句的值；选择结构则根据条件返回对应的 return 的值。示例代码如下：

```python
def guess(x):
    if x > 5:
        return "> 5"
    else:
        return "<= 5"
print(guess(9))
print(guess(3))
```

上述代码运行的结果为 "> 5 或 <= 5"。

无论定义返回什么类型，return 返回的只会是单值，但可以存在多个元素。return [1,3,5] 是指返回一个列表，是一个列表对象，1、3、5 分别是这个列表的元素。return [1,3,5] 看似返回多个值，隐式地被 Python 封装成了一个元组返回。

▌ 温馨提示

函数体中没有 return 语句时，函数运行结束会隐含返回一个 None 作为返回值。

2.3.4 函数的嵌套

C、C++ 的函数嵌套只允许函数体内嵌套，而 Python 的函数嵌套很灵活，不仅支持函数体内

嵌套，还支持函数定义嵌套。例如，计算表达式（X_1+X_2）/(X_1-X_2)，我们可以先计算 sum=X_1+X_2，然后计算 subtr=X_1-X_2，最后计算这两个表达式相除以后的商值，如图 2-3 所示。

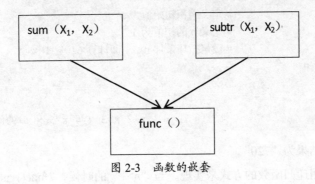

图 2-3　函数的嵌套

示例代码如下：

```
def sum(X₁, X₂):
    return X₁ + X₂                      #定义函数 sum（），计算 X₁ + X₂ 的值
def subtr(X₁, X₂):
    return X₁ - X₂                      #定义函数 subtr（），计算 X₁ - X₂ 的值
def func():
    X₁ = 4
    X₂ = 2
    return sum(X₁,X₂)/subtr(X₁,X₂)      #定义函数 func（），计算 sum（）/subtr（）的值
print(func())
```

上述代码运行的结果为 "3.0"。

把上面的代码换成函数体内嵌套形式，代码则如下：

```
def func():
    X₁ = 4
     X₂ = 2
    def sum(X₁, X₂):
        return X₁ + X₂
    def subtr(X₁, X₂):
        return X₁ - X₂
    return sum(X₁,X₂)/subtr(X₁, X₂)
print(func())
```

上述代码运行的结果为 "3.0"。

2.3.5 递归函数

所谓递归函数就是在函数内部调用函数本身，这个函数就是递归函数。递归函数的优点是定义简单，逻辑清晰。理论上，递归函数可以写成循环的方式，但循环的逻辑不如递归清晰。

例如要计算阶乘 n! = 1 × 2 × 3 × ... × (n-1) × n，可以用 while 循环方式计算。

```
def func():
    s=1                     #定义乘积初始值为1
    n=1                     #定义 n 的初值为1
    while n<7:              #设定循环条件n<7,即计算 6! = 1 x 2 x 3 x 4 x 5 x 6 的值
        s = s * n
        n+=1
    return s
print(func())              #打印 6! = 1 x 2 x 3 x 4 x 5 x 6 的值
```

上述代码运行的结果为"720"。

计算阶乘还可以用递归函数的方式来实现。当"n>1"的时候，"func()=n! = 1 × 2 × 3 × ... × (n-1) × n"可以换成"func()=func(n-1)× n"，递归过程如图 2-4 所示。

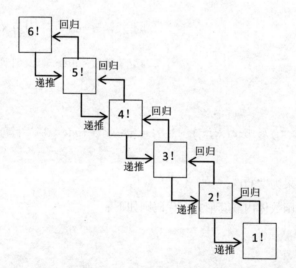

图 2-4　阶乘 6！递归演示过程图

示例代码如下：

```
def func(n):                #定义带参函数 func（n）
    if n == 1:
        return 1            #特殊情况，n=1 时，n！=1
    return n * func(n - 1)  #返回 n * func(n - 1) 的值
print(func(6))              #计算阶乘 6!
```

上述代码运行的结果为"720"。

2.3.6　Lambda 函数

前面讲到函数的定义是通过 def 得到的，在 Python 中有一种不需要 def 就能定义的函数，即匿

名函数，也就是 Lambda 函数。

Lambda 函数语法格式如下：

```
func=lambda 变量 1, 变量 2...: 表达式          # 赋值
func（）                                      # 函数调用
```

其中变量列表用于表达式的计算，通常会把 Lambda 赋值给一个变量，这个变量 func 就可以作为函数使用。示例代码如下：

```
def func():
    a = 4
    b = 2
    sum=lambda a,b:a+b          # 使用 lambda 定义 sum（a,b）函数为 a+b
    sub=lambda a,b:a-b          # 使用 lambda 定义 sub（a,b）函数为 a-b
    return sum(a,b)/sub(a,b)
print(func())
```

上述代码运行的结果为"3.0"。

■ 温馨提示

Lambda 中只能使用表达式，不能使用判断和循环。

2.3.7　Generator 函数

Generator 函数就是一个生成器，一次生成一个数据项，它和普通的函数一样，只是在函数内部使用了 yield，它可以实现在 for 循环中遍历，也能使用 next（）方法获得 yield 生成的数据项。

语法格式如下：

```
def 函数名（参数列表）:
...
yield 表达式
```

用 for 循环实现，示例代码如下：

```
def func(n):
    for i in range(n):
        yield i              # 遍历 i
for i in func(5):
    print(i)                 # 循环打印 i
```

上述代码运行的结果为"0 1 2 3 4"。

以上代码实现效果还可以用 next（）方法实现，示例代码如下：

```
def func(n):
    for i in range(n):
        yield  i                          #遍历 i
r = func(5)                               #r 为函数 func（5）
print(r.__next__())                       #输出第一个值 0
print(r.__next__())                       #输出第一个值 1
print(r.__next__())                       #输出第一个值 2
print(r.__next__())                       #输出第一个值 3
print(r.__next__())                       #输出第一个值 4
```

上述代码运行的结果为"0 1 2 3 4"。

新手问答

01 如何查看 Python 函数用法?

答： 由于 Python 语言的动态类型特性，在集成开发环境或编辑工具编码时，给予的代码提示及自动完成功能不像静态语言工具那样充分。在开发中，我们借助相关插件或使用 Python 内置函数 help() 来查看某个函数的参数说明。

例如要查看内置函数 sorted()，实现代码如下：

```
help(sorted)
```

查询结果如下。

```
sorted(iterable, /, *, key=None, reverse=False)
    Return a new list containing all items from the iterable in ascending order.

    A custom key function can be supplied to customize the sort order, and the
    reverse flag can be set to request the result in descending order.
```

sorted 函数的作用是产生一个新序列，其参数解释如下。

iterable 表示可迭代类型；

/ 不代表任何参数，它指示前面的都是位置参数，没有关键词参数；

* 本身不是参数，它用于关键字参数和位置参数之间，* 后面为命名关键字参数；

key 用列表元素的某个属性和函数作为关键字，有默认值，迭代集合中的一项；

reverse 表示排序规则，reverse = True 或者 False。

02 Generator 函数可以获取函数值，序列也可以获取函数值，两者有什么区别？

答： generator 函数一次只返回一个数值，占用内存较少，数据访问通过 next（）方法实现，每生成一次都要记录一次，以便后面生成数据，如果越界，也会有 stopiteration 异常提示。

序列一次返回所有数据，元素的访问通过索引完成，越界的时候提示 list index out of range。

如果程序性能要求高，一次又只需返回一个数据，就使用 generator 函数，如果要求返回所有数据就用序列。

→ 牛刀小试

【案例任务】

定义一个函数，计算传入字符串的"数字""字母""空格"和"其他"的个数。

【技术解析】

本案例主要使用函数、循环、条件判断的知识，思路如下。

1. 定义函数 func(字符串参数)，用于存放数字、字母、空格和其他字符。

2. 在函数 func(字符串参数) 中添加循环，循环遍历字符串参数，循环体中依次判断是否为数字、字母、空格或其他，并计数。

3. 调用 func(字符串参数)，将字符串参数换成任意字符串的实参，如"~!@#%^&*!@#$%^&*1234567890dfdffvfdgdgb"，将值赋给一个变量。

4. 打印输出变量值。

【编程实现】

代码实现及分析（example2-1.py）如下。

```python
#!/usr/bin/python
# -*- coding: UTF-8 -*-
def func(strr):
    digit_number = 0            #digit_number 变量用于存储"数字"个数
    alpha_number = 0            #alpha_number 变量用于存储"字母"个数
    space_number = 0            #space_number 变量用于存储"空格"个数
    else_number = 0             #else_number 变量用于存储"其他"个数
    for i in strr:              #循环遍历 strr 字符串
        if i.isdigit():         #判断是否为"数字"
            digit_number +=1    #"数字"个数加 1
        elif i.isspace():       #判断是否为"空格"
            space_number +=1    #"空格"个数加 1
        elif i.isalpha():       #判断是否为"字母"
```

```
            alpha_number +=1                                              # "字母" 个数加 1
        else:
            else_number +=1                                               # 否则 "其他" 个数加 1
    return (" 数字，空格，字母，其他内容分别有：",(digit_number,alpha_number,space_
number,else_number))                                                      # 返回个数值
res = func('~!@#%^&*!@#$%^&*1234567890dfdffvfdgdgb ')                       # 函数返回值赋给 res
print(res)                                                                # 打印 res 的值
```

输出结果为：(" 数字，空格，字母，其他内容分别有："(10,12,1,16))。

➤ 本章小结

　　本章介绍了 Python 的程序结构，介绍了包、模块和函数之间的逻辑关系。重点介绍了模块的创建、导入，以及函数的定义、参数、返回值、嵌套、递归等内容。函数的引入很大程度上使我们编写代码变得更加便捷，它的返回值也可以作为其他模块的输入，一些简单表达式直接使用 lambda 函数赋值给某个变量，这个变量就可以作为函数被使用。当我们只需要返回一个值时，使用 generator 函数就可以了。这些知识在 Python 实际工作中经常使用，读者必须要熟练使用。

第 3 章
Python 数据库编程

▍本章导读

本章将主要介绍 Python 数据库编程。在网络编程的实际开发过程中，90% 以上的应用都会用到数据库。而 Python 提供了多种连接数据库的方法，对每一种支持的数据库都有一个或多个 Python 接口程序。不过，绝大多数接口程序只提供基本的连接功能，高级应用如线程、线程管理以及数据库连接池的管理等，需要重新开发来完成。本章将以 MySQL 为例讲解 Python 中数据库的操作。

▍知识要点

● 使用 DAO 访问数据库
● 使用 ODBC 访问数据库
● 数据库安装
● 操作数据库

3.1 Python 环境下的数据库编程

在应用程序中有很多信息需要存储起来，存储的方式有多种，数据库就是其中的一种。比较流行的数据库模型有三种，分别为层次式数据库、网络式数据库和关系型数据库。最常用的数据库模型是关系型数据库。Python 提供了多种连接数据库的手段，包括 DAO、ODBC、ADO 以及 Python 专用模块等。

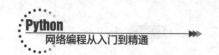
3.1.1 使用 DAO 访问数据库

DAO(Data Access Object) 是常见的一种连接数据库的方式，它适用于小型应用程序。DAO 提供了操作管理关系型数据库系统所需的属性和方法，包括创建数据库、定义表、字段和索引，以及查询、添加、删除、修改等操作。

1. pywin32 模块安装

步骤 01：Python 的扩展模块 pywin32 实现了 DAO 方式连接数据库模式，以管理员身份运行 cmd，如图 3-1 所示。

图 3-1 打开命令行窗口

步骤 02：进入 Python 安装目录（C:\Programs\Python\Python37\Scripts），输入 "pip install pywin32"，安装成功，如图 3-2 所示。

```
C:\Programs\Python\Python37\Scripts>pip install pywin32
Collecting pywin32
  Using cached https://files.pythonhosted.org/packages/a3/8a/eada1e7990202cd27e5
8eca2a278c344fef190759bbdc8f8f0eb6abeca9c/pywin32-224-cp37-cp37m-win_amd64.whl
Installing collected packages: pywin32
Successfully installed pywin32-224
```

图 3-2 安装 pywin32

步骤 03：打开 Python 窗口，输入 "import win32com.client"，随后输入数据库相关连接信息即可实现与数据库的连接操作，如图 3-3 所示。

```
>>> import win32com.client
>>>
```

图 3-3 导入 pywin32 模块命令

2. 在 PyCharm 中添加 pywin32 模块

步骤 01：进入 PyCharm 主界面，单击【file-settings】，进入【Project Interpreter】对话框，如图 3-4 所示。

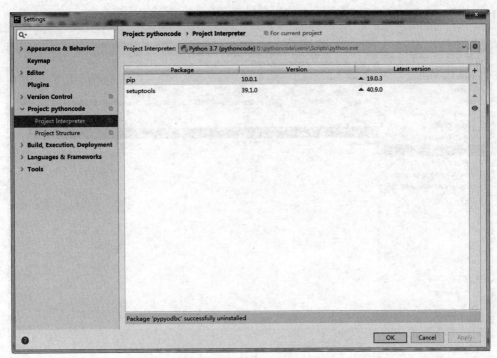

图 3-4　Project Interpreter 对话框

步骤 02：单击【＋】按钮，搜索"pywin32"并选中，接着单击【Install Package】按钮，安装 pywin32 模块，如图 3-5 所示。

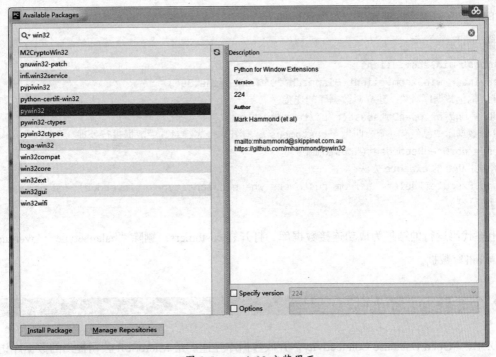

图 3-5　pywin32 安装界面

网络编程从入门到精通

步骤 03：安装成功，如图 3-6 所示。

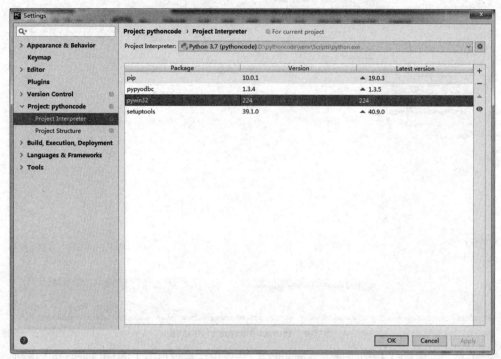

图 3-6　pywin32 模块安装成功

pywin32 模块安装成功后，在 PyCharm 中就可以通过 import 导入 win32com.client，实现以 DAO 的模式与数据库的连接了，示例代码如下：

```python
# 实例化数据库引擎
import win32com.client
engine = win32com.client.Dispatch("DAO.DBEngine.35")
# 实例化数据库对象，建立对数据库的连接
db = engine.OpenDatabase(r"c:/temp/mydb.mdb")
# 在数据库中已经有一个表叫做 'customers'，打开这个表，对其中数据进行处理
rs = db.OpenRecordset("customers")
# 采用 DAO 的 execute 方法
 db.Execute("delete * from customers where balancetype = 'overdue' and name = 'bill'")
```

上述代码运行的结果为成功连接数据库，打开表 customers，删除"balancetype = 'overdue' and name = 'bill'"数据。

3.1.2　使用 ODBC 访问数据库

ODBC（Open Database Connectivity，开放数据库互连）是 MicroSoft 公司提出的数据库访问通用接口标准。ODBC 是一个数据库访问函数库，使应用程序可以直接操纵数据库中的数据。

ODBC 基于 SQL 语言，是一种在 SQL 和应用界面之间的标准接口，它生成的程序与数据库或数据库引擎无关，为数据库用户和开发人员提供了数据库访问的统一接口，为应用程序实现与平台的无关性和可移植性提供了基础。ODBC 由应用程序、驱动程序管理器、驱动程序、数据源构成，如图 3-7 所示。

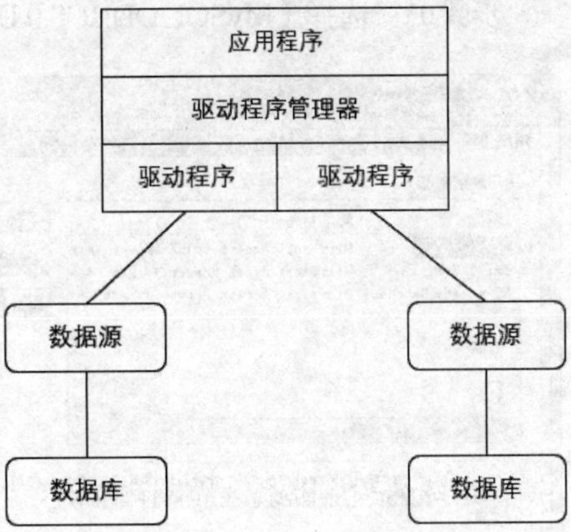

● 应用程序：应用程序调用 ODBC 函数，完成连接数据库、提交执行语句给数据库、检索结果并处理错误、提交或者执行回滚语句的事务、与数据库断开连接等操作。

● 驱动程序管理器：各种不同的数据库都需要向 ODBC 驱动程序管理器注册 ODBC 驱动程序，ODBC 驱动程序管理器能将与 ODBC 兼容的执行请求从应用程序传给驱动程序，随后对数据库实现访问操作。

● 驱动程序：ODBC 通过驱动程序来提供数据库独立性。

● 数据源：用户自定义的数据库服务器的名称、登录名和密码等信息。

图 3-7　ODBC 结构图

1. ODBC 访问 MySQL 数据库

Windows 系统提供了 ODBC 数据源管理工具，该工具用来设置数据源的名字 DSN（DATA SOURCE NAME），设置它的目的是便于应用程序访问数据，只要为某个数据库设置了相应的 DSN，应用程序就可以按 DSN 直接访问数据库。实现步骤如下。

步骤 01：打开控制面板，搜索"odbc"，单击【设置数据源 (ODBC)】选项，如图 3-8 所示。

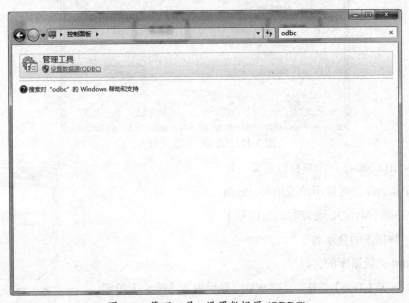

图 3-8　管理工具 - 设置数据源 (ODBC)

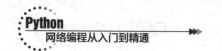

步骤02：打开【ODBC 数据源管理器】对话框，单击【添加】按钮，如图3-9所示。

步骤03：选择【MySQL ODBC8.0 Unicode Driver】驱动程序，单击【完成】按钮，如图3-10所示。

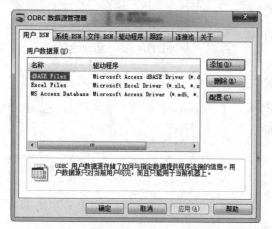

图3-9　添加用户 DSN　　　　　　　　　　图3-10　选择 MySQL 驱动

步骤04：在【Connector/ODBC】参数设置对话框中填写数据库连接相关信息，如图3-11所示。

图3-11　ODBC 配置对话框

● Data Source Name：用户自行定义

● TCP/IP Server：可以不填或填 localhost

● Port：3306（MySQL 安装时的端口号）

● User：数据库的登录名

● Password：数据库的密码

图3-12　测试连接成功

步骤05：单击【Test】按钮，连接成功，最后单击【确定】按钮，如图3-12所示。

步骤 06：返回【Connector/ODBC】对话框，单击【OK】按钮，添加 mysqltest 数据源成功，如图 3-13 所示。

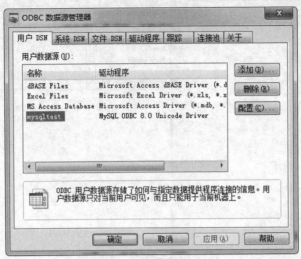

图 3-13　用户 DSN 添加成功

2. pypyodbc 模块安装

Python 中用来操作 ODBC 的类库是 pypyodbc，该库不属于 Python 内置模块，需要手动安装。

步骤 01：以管理员身份运行 cmd，输入"pip install pypyodbc"，安装成功，如图 3-14 所示。

```
C:\Programs\Python\Python37\Scripts>pip install pypyodbc
Collecting pypyodbc
  Downloading https://files.pythonhosted.org/packages/ea/48/bb5412846df5b8f97d42
ac24ac36a6b77a802c2778e217adc0d3ec1ee7bf/pypyodbc-1.3.5.2.zip
Requirement already satisfied: setuptools in c:\programs\python\python37\lib\sit
e-packages (from pypyodbc) (40.6.2)
Installing collected packages: pypyodbc
  Running setup.py install for pypyodbc ... done
Successfully installed pypyodbc-1.3.4

C:\Programs\Python\Python37\Scripts>_
```

图 3-14　pypyodbc 安装成功

步骤 02：打开 Python 窗口，输入"import pypyodbc"，随后输入数据库相关连接信息即可实现与数据库的连接操作，如图 3-15 所示。

```
>>> import pypyodbc
>>> _
```

图 3-15　导入 pypyodbc 模块

3. PyCharm 中添加 pypyodbc 模块

步骤 01：进入 PyCharm 主界面，单击【file-settings】，进入【Project Interpreter】对话框。

步骤 02：单击【+】按钮，搜索并选择"pypyodbc"，接着单击【Install Package】按钮，安装 pypyodbc 模块，如图 3-16 所示。

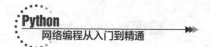

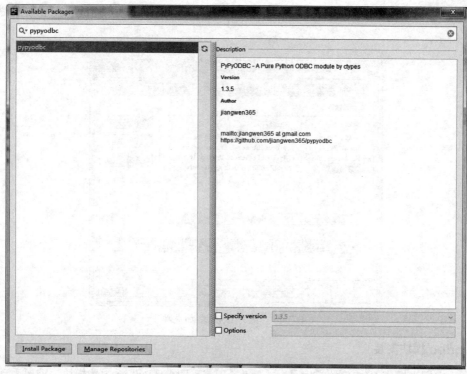

图 3-16　安装 pypyodbc 模块

步骤03：安装成功，回到【Project Interpreter】对话框，pypyodbc模块添加成功，如图3-17所示。

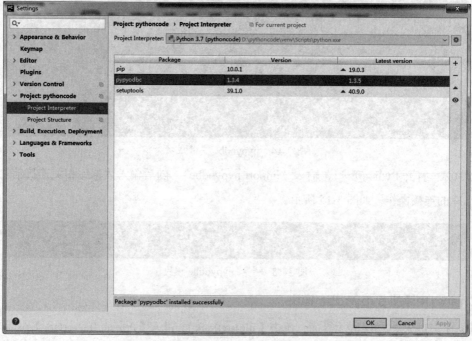

图 3-17　Project Interpreter 对话框 (pypyodbc)

模块安装成功后，在 PyCharm 中就可以通过 import 导入 pypyodbc，实现以 ODBC 的模式与数据库的连接，示例代码如下：

```
import pypyodbc
# 建立数据库连接
cnxn = pyodbc.connect('DRIVER={ODBC  Driver };SERVER=127.0.0.1;DATABASE=customers;
UID=sa;PWD=123')
cursor = cnxn.cursor()
```

温馨提示

pypyodbc 和 pyodbc，二者没什么区别，pypyodbc 是 pyodbc 的纯 Python 实现，平台移植性更好。

3.1.3 对具体的数据库使用特定的 Python 模块

Python 为各种数据库准备了相应的专用模块，比如连接 PyMySQL 的 MySQLdb 模块，连接 Oracle 的 cx_Oracle 模块。cx_Oracle 模块和 PyMySQLdb 模块的添加方法与 pypyodbc 模块添加方法相同，可参照 3.1.2 节中 pypyodbc 模块添加过程。

cx_Oracle 模块连接代码：

```
conn = cx_Oracle.connect('username/password@TNSname')
```

PyMySQLdb 模块的连接代码，下面两种方式都可以：

```
conn = MySQLdb.connect('host','username','password','database')
conn = MySQLdb.connect(host="host",user="username",passwd="password",db="database")
```

3.2 PyMySQL 的安装及连接

MySQL 是一个关系型数据库，是目前比较流行的数据库之一，由瑞典 MySQL AB 公司开发，目前是 Oracle 旗下产品。由于其体积小、速度快、成本低、源码开放，所以一般中小型系统开发都采用 MySQL。

3.2.1 PyMySQL 安装

Python 与 MySQL 的数据库开发主要通过 PyMySQL 模块实现，PyMySQL 模块的安装过程可参照 3.1.1 节 pywin32 模块的安装。安装成功的界面如图 3-18 所示。

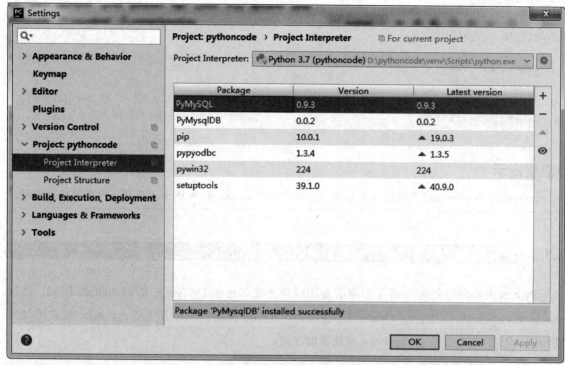

图 3-18　Project Interpreter 界面 (PyMySQL)

3.2.2　连接 MySQL 数据库

Python 操作数据库主要涉及 connection 和 cursor 两个对象，操作流程如图 3-19 所示。

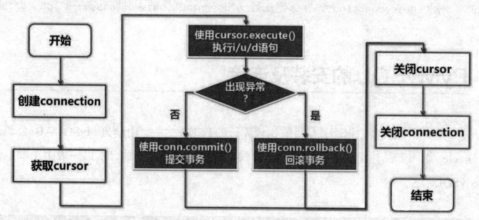

图 3-19　Python 数据库操作流程

1. connection 对象

　　connection 对象，与数据源的唯一会话，可使用 connection 对象的集合、方法、属性实现与数据的连接，connection 对象参数列表如表 3-1 所示。

表 3-1　connection 参数列表

参数名	类型	说明
host	字符串	连接的数据库服务器主机名，默认为本地主机 (localhost)
port	数字	MySQL 服务器端口号，默认是 3306
user	字符串	连接数据库的用户名
passwd	字符串	连接数据库的密码
db	字符串	数据库名称
charset	字符串	连接编码

connection 对象方法列表如表 3-2 所示。

表 3-2　connection 方法列表

方法名	说明
cursor()	使用该连接创建并返回游标
commit()	提交当前事物
rollback()	回滚当前事物
close()	关闭连接

2. cursor 对象

cursor 对象是游标对象，用户用它来查询和获取结果，常用方法如表 3-3 所示。

表 3-3　cursor 对象方法列表

方法名	说明
execute(op[,args])	执行一个数据库查询命令
fetchone()	取结果集下一行
fetchmany(size)	取结果集下几行
fetchall()	取结果集中剩下的所有行
rowcount	最近一次 execute 返回数据的行数或影响行数
close()	关闭游标对象

3. MySQL 数据库连接

步骤 01：Python 连接 MySQL 数据库前，需要做一些准备工作，创建一个 testdb 数据库，创建 employee 表，表里有 5 个字段，分别是 FIRST_NAME、LAST_NAME、AGE、SEX、INCOME，如图 3-20 所示。

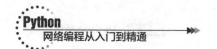

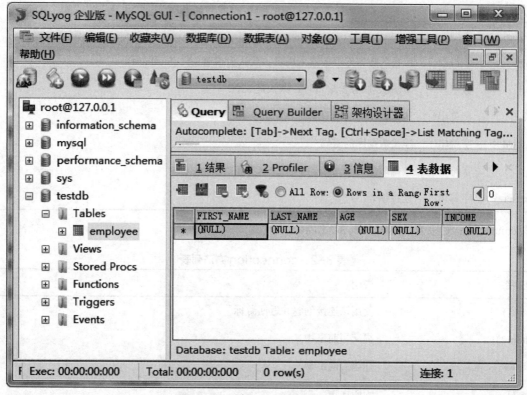

图 3-20　创建 MySQL 数据库及表

步骤 02：在 PyCharm 中添加 PyMySQL 模块，添加成功，如图 3-21 所示。

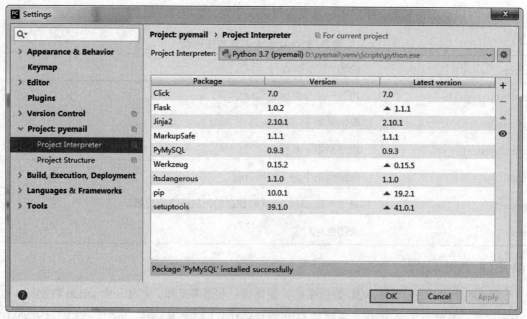

图 3-21　添加 PyMySQL 模块

步骤 03：连接 MySQL 示例代码如下：

```
import pymysq
# 连接数据库
db = pymysql.connect("localhost","root","root","testdb",charset='utf8')
# 创建 cursor 游标，获取 Python 版本信息
cursor = db.cursor()
cursor.execute("select version()")
data = cursor.fetchone()
print("database version:%s"%data)
# 关闭数据库连接
db.close()
```

上述代码运行的结果如图 3-22 所示。

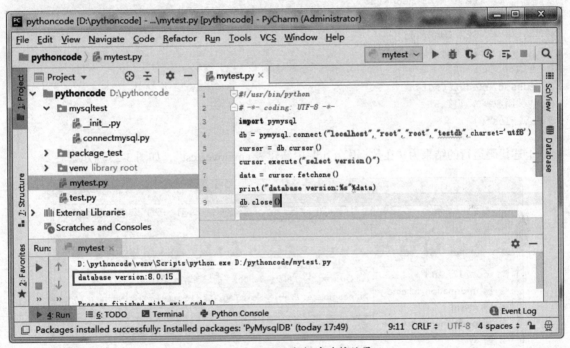

图 3-22　MySQL 数据库连接结果

3.3　Python 中 MySQL 的操作

Python 与数据库 MySQL 的连接，在上一节中已经实现，那么如何实现在 Python 中对 MySQL 的其他操作呢？

3.3.1 创建 MySQL 表

在 Python 与 MySQL 数据库连接的情况下，可以使用 execute() 方法来为数据库创建表，创建表 EMPLOYEETEST 的代码如下：

```python
import pymysql
# 连接数据库
db = pymysql.connect("localhost","root","root","testdb",charset='utf8')
# 获取操作游标
cursor = db.cursor()
# 数据库操作语句
sql = """CREATE TABLE EMPLOYEETEST (
        FIRST_NAME  CHAR(20) NOT NULL,
        LAST_NAME  CHAR(20),
        AGE INT,
        SEX CHAR(1),
        INCOME FLOAT )"""
# 执行 SQL 语句
cursor.execute(sql)
# 关闭数据库连接
db.close()
```

上述代码运行的结果为"在数据库 testdb 中新建表 employeetest"，如图 3-23 所示。

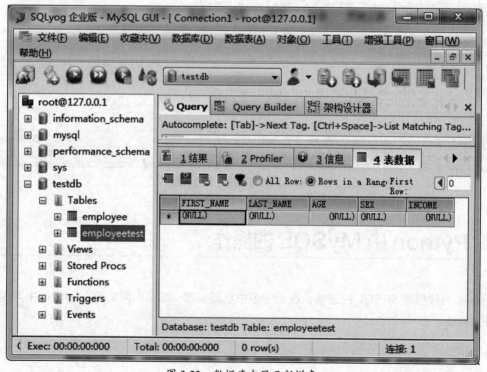

图 3-23 数据库中显示新增表

3.3.2 新增 \ 查询 \ 删除数据

实现了数据库的连接后，可以对数据库做很多操作，如表的创建和删除，以及表中数据的新增、查询和删除等。

1. 新增数据

在新建的 employeetest 表中插入数据，可以使用 INSERT 语句，示例代码如下：

```python
import pymysql
# 连接数据库
db = pymysql.connect("localhost","root","root","TESTDB",charset='utf8')
# 获取操作游标
cursor = db.cursor()
# SQL 插入语句
sql = """INSERT INTO EMPLOYEETEST(FIRST_NAME,
        LAST_NAME, AGE, SEX, INCOME)
        VALUES ('Mac', 'Mohan', 20, 'M', 2000)"""
try:
    # 执行 sql 语句
    cursor.execute(sql)
    # 提交到数据库执行
    db.commit()
except:
    db.rollback()
# 关闭数据库连接
db.close()
```

上述代码运行的结果为在 employeetest 表中新增一条记录 "Mac Mohan 20 M 2000"，如图 3-24 所示。

	FIRST_NAME	LAST_NAME	AGE	SEX	INCOME
□	Mac	Mohan	20	M	2000
*	(NULL)	(NULL)	(NULL)	(NULL)	(NULL)

图 3-24 新增记录

2. 查询数据

Python 中数据查询主要通过 fetchone() 和 fetchall() 两种方法来实现，两者的区别在于 fetchone() 方法获取单条数据，fetchall() 方法获取多条数据，示例代码如下：

```python
import pymysql
# 打开数据库连接
db = pymysql.connect("localhost", "root", "root", "TESTDB", charset='utf8' )
# 使用 cursor() 方法获取操作游标
cursor = db.cursor()
# SQL 查询语句
```

```
sql = "SELECT * FROM EMPLOYEETEST \
        WHERE INCOME > %s" % (1000)
try:
    # 执行 SQL 语句
    cursor.execute(sql)
    # 获取所有记录列表
    results = cursor.fetchall()
    for row in results:
        fname = row[0]
        lname = row[1]
        age = row[2]
        sex = row[3]
        income = row[4]
        # 打印结果
        print("fname=%s,lname=%s,age=%s,sex=%s,income=%s" % \
                (fname, lname, age, sex, income ))
except:
    print("Error: unable to fecth data")
# 关闭数据库连接
db.close()
```

上述代码运行的结果为"fname=Mac,lname=Mohan,age=20,sex=M,income=2000.0"。

3. 删除数据

删除 EMPLOYEETEST 表中 AGE 大于 20 的数据，示例代码如下：

```
import pymysql
# 打开数据库连接
db = pymysql.connect("localhost", "root", "root", "TESTDB", charset='utf8')
# 使用 cursor() 方法获取操作游标
cursor = db.cursor()
sql = "DELETE FROM EMPLOYEETEST WHERE AGE > %s" % (20)
try:
    # 执行 SQL 语句
    cursor.execute(sql)
    # 提交修改
    db.commit()
except:
    # 发生错误时回滚
    db.rollback()
# 关闭数据库连接
db.close()
```

上述代码运行的结果为"EMPLOYEETEST 表中 AGE 大于 20 的数据全部被删除"。

3.3.3 数据库更新操作

数据库中有数据变化的时候，需要执行更新操作，使用 SQL 语句 update 实现，示例代码如下：

```python
import pymysql
# 打开数据库连接
db = pymysql.connect("localhost", "root", "root", "TESTDB", charset='utf8')
# 使用 cursor() 方法获取操作游标
cursor = db.cursor()
# SQL 更新语句 ,AGE+2
sql = "UPDATE EMPLOYEETEST SET AGE = AGE + 2 WHERE SEX = '%c'" % ('M')
try:
    # 执行 SQL 语句
    cursor.execute(sql)
    # 提交到数据库执行
    db.commit()
except:
    # 发生错误时回滚
    db.rollback()
# 关闭数据库连接
db.close()
```

输出结果为"AGE 字段值变为 22"。

3.3.4 执行事务

事务 (Transaction)，即一组操作流程，在数据库维护中的目的是保持数据一致性，它有原子性 (Atomicity)、一致性 (Consistency)、隔离性 (Isolation) 和持久性 (Durability) 四大特性。在 Python 数据库编程中，当游标建立时，就自动开始了一个隐形的数据库事务，游标的每一个方法都开始了一个新的事务。

下面代码中的 commit() 方法和 rollback() 方法都开启了事务，commit() 方法游标所有更新操作，rollback() 方法回滚当前游标的所有操作。

```python
# SQL 删除记录语句
sql = "DELETE FROM EMPLOYEETEST WHERE AGE > %s" % (20)
try:
    # 执行 SQL 语句
    cursor.execute(sql)
    # 向数据库提交
    db.commit()
except:
    # 发生错误时回滚
    db.rollback()
```

上述代码运行的效果为先执行 SQL 语句，然后通过 commit() 向数据库提交更新，如果更新过程出错，则回滚。

3.3.5 错误及异常

数据库的操作中会出现一些错误和异常，常出现的 DB 错误及异常有 10 种，如表 3-4 所示。

表 3-4 DB 错误及异常

异常	描述
Warning	当有严重警告时触发，必须是 StandardError 的子类。例如，插入数据时被截断等
Error	警告以外所有其他错误类，必须是 StandardError 的子类
InterfaceError	当有数据库接口模块本身的错误（而不是数据库的错误）发生时触发，必须是 Error 的子类
DatabaseError	和数据库有关的错误发生时触发，必须是 Error 的子类
DataError	当有数据处理时的错误发生时触发，必须是 DatabaseError 的子类。例如，除零错误、数据超范围等
OperationalError	指非用户控制的，而是操作数据库时发生的错误，必须是 DatabaseError 的子类。例如，连接意外断开、数据库名未找到、事务处理失败、内存分配错误等
IntegrityError	完整性相关的错误，必须是 DatabaseError 子类。例如，外键检查失败等
InternalError	数据库的内部错误，必须是 DatabaseError 子类。例如，游标（Cursor）失效、事务同步失败等
ProgrammingError	程序错误，必须是 DatabaseError 的子类。例如，数据表（table）没找到或已存在、SQL 语句语法错误、参数数量错误等
NotSupportedError	不支持错误（指使用了数据库不支持的函数或 API 等），必须是 DatabaseError 的子类。例如，在连接对象上使用 .rollback() 函数，然而数据库并不支持事务或者事务已关闭

我们可以根据这些异常描述去解决数据库操作中的一些问题。

▶ 新手问答

01 SQLite 是一种嵌入式数据库，Python 中如何使用它？

答：Python 中内置了 SQLite3，连接到数据库后，需要打开游标 Cursor，通过 Cursor 执行 SQL 语句，然后获得执行结果。Python 定义了一套操作数据库的 API 接口，任何数据库要连接到 Python，只需要提供符合 Python 标准的数据库驱动即可，使用 SQLite 数据库的示例代码如下：

```
# 导入 SQLite 驱动：
import sqlite3
```

```
# 连接 SQlite 数据库，数据库名为 test.db，如果不存在，则自动创建
conn = sqlite3.connect('test.db')
# 创建一个 cursor:
cursor = conn.cursor()
```

上述代码的运行效果就是导入 SQLite3 数据库模块，创建 test.db 数据库，创建 Cursor 游标后，后续即可执行 SQL 语句。

02 MySQLdb 和 PyMSQL，两者有什么区别?

答：PyMSQL 是 Python 中操作 MySQL 的模块，其使用方法和 MySQLdb 几乎相同。不过，目前 PyMSQL 支持 Python 3.X，而 MySQLdb 不支持 Python 3.X 版本。

➤ 牛刀小试

【案例任务】

在 MySQL 中创建数据库 student，使用 Python 实现创建表 studentuser，studentuser 表中有 ID（int，10）、NAME（char，20）、AGE（int，10）、CLASSNAME（char，20）四个字段，为 studentuser 表添加数据 ('2018001','JOHEN',20,'COMPUTER')。

【技术解析】

本案例主要使用了 Python 与 MySQL 数据库连接及操作的知识，思路如下。

1. 导入 PyMSQL 模块。

2. 连接数据库 student，创建游标 Cursor。

3. 创建表 studentuser，插入数据 ('2018001','JOHEN',20,'COMPUTER')。

【编程实现】

代码实现及分析（example3-1.py）如下：

```
import pymysql
# 打开数据库连接
db = pymysql.connect("localhost", "root", "root", "STUDENT", charset='utf8' )
# 使用 cursor() 方法获取操作游标
cursor = db.cursor()
# 如果数据表已经存在使用 execute() 方法删除表。
cursor.execute("DROP TABLE IF EXISTS studentuser")
# 创建数据表 SQL 语句
sql = """CREATE TABLE studentuser (
        ID  INT(10) NOT NULL,
        NAME  CHAR(20),
```

```
                AGE INT(10),
                CLASSNAME CHAR(20))"""
cursor.execute(sql)
# SQL 插入语句
sql = """INSERT INTO studentuser(ID,
            NAME, AGE, CLASSNAME)
            VALUES ('2018001', 'JOHEN', 20, 'COMPUTER')"""
try:
    # 执行 sql 语句
    cursor.execute(sql)
    # 提交到数据库执行
    db.commit()
except:
    # Rollback in case there is any error
    db.rollback()
# 关闭数据库连接
db.close()
```

上述代码的运行结果如图 3-25 所示。

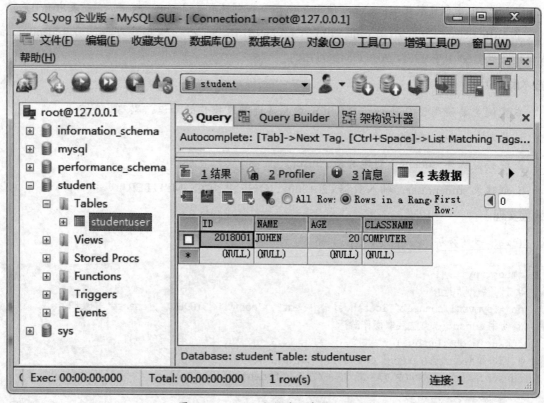

图 3-25　student 数据库及表展示界面

➤ 本章小结

　　本章介绍了 Python 的数据库编程，讲解了 Python 连接数据库的 DAO、ODBC 和专用模块几种方式。重点讲解了 Python 与 MySQL 的连接，包括 PyMySQL 安装、Python 中操作 MySQL（创建表、插入、查询、删除数据）、数据库更新操作、Python 中的事务机制和常见的 DB 错误及异常。应用系统都需要数据库来存储数据。Python 数据库编程大大提高了 Python 编程能力，在实际工作中的应用也很重要。

4

第 4 章
Python 中的测试驱动开发

本章导读

本章主要介绍敏捷开发模式。敏捷开发是 20 世纪 90 年代兴起的一种新型软件开发方法，能快速应对需求的变化。它需要分析人员与程序开发人员紧密协作，采用面对面的有效沟通方式频繁交付新的软件版本。测试驱动是敏捷开发的重要组成部分，Python 是敏捷开发项目常采用的一种语言。本章重点介绍测试驱动开发的特点、步骤和环境监理，以及 Python 单元测试，doctest 和 Epydoc 的使用。

知识要点

● 测试驱动开发的特点

● 测试驱动开发的步骤

● 测试驱动开发环境的建立

● Python 单元测试

● Python 中 doctest 和 Epydoc 的使用

4.1 测试驱动开发

测试驱动开发 (Test-Driven Development)，简称 TDD，是一种有别于传统开发的新型开发方法。它要求在编写某个功能的代码之前先编写测试代码，然后编写使测试通过的代码，通过测试来推动整个开发的进行。这有助于编写简洁可用和高质量的代码，以便加速开发进程。

4.1.1 测试驱动开发模式（TDD）

当下科技高速发展，软件规模越来越大，软件开发人员也越来越多，因此软件开发过程必须要有指导开发的软件模式。一些小项目也许可以采用边做边改的开发模式，项目一旦做大，这样的开发模式就不能满足需求了。

瀑布模型作为传统的开发模式，曾一度受到追捧。它将软件生命周期划分为制定计划、需求分析、软件设计、程序开发、软件测试和运行维护六个阶段。这六个阶段的各项活动严格按照线性方式进行，每一个阶段的工作成果都需要进行验证，验证通过才能进入下一阶段，否则返回修改。

传统的开发模型除了瀑布模型外，还有迭代模型、快速原型模型、增量模型、螺旋模型，但这些模型都有自身的缺点。如何适应瞬息万变的需求变化，如何高效地实施软件开发，是每个软件行业人员必须思考的问题。

敏捷开发在这样的环境下应运而生，它是一种以人为核心、迭代、循序渐进的开发方法。开发过程中，软件项目的构建被切分成多个子项目，各个子项目既相对独立又相互联系，可以分别完成，开发过程中软件一直处于可使用状态。

测试驱动开发模式 TDD 是敏捷开发的重要组成部分，也是一种设计方法论，其基本思想就是在开发某个功能代码前，先编写测试代码，然后编写功能代码并用测试代码进行验证，如此循环直到完成全部功能的开发。

测试模型中的 V 模型和 X 模型都是 TDD 的最好体现方式，V 模型如图 4-1 所示。

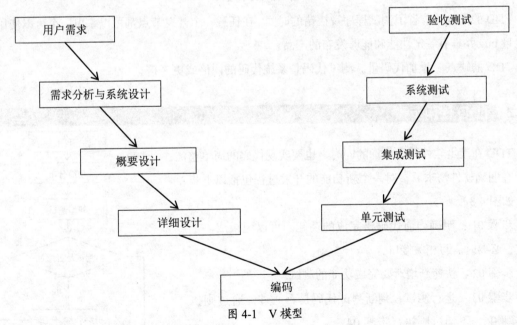

图 4-1　V 模型

V 模型在开发的各个阶段，包括需求分析、概要设计、详细设计、编码过程中都考虑相对应的测试工作，完成相关的测试用例设计和测试脚本编写。

X 模型是对详细阶段和编码阶段进行建模，针对某个功能进行对应的测试驱动开发。X 模型的左侧描述的是针对单独程序片段所进行的相互分离的编码和测试，此后进行频繁的集成，通过集成最终成为可执行的程序，然后再对这些可执行程序进行测试。X 模型还定位了探索性测试，这是不进行事先计划的特殊类型的测试，这一方式往往能帮助有经验的测试人员在测试计划之外发现更多的软件错误。X 模型如图 4-2 所示。

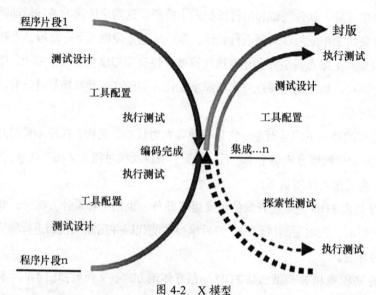

图 4-2　X 模型

TDD 的优点：节省了调试程序及挑错的时间，在任意一个开发节点都可以拿出一个可以使用，含少量 bug 并具有一定功能和能够发布的产品。

TDD 的缺点：增加代码量。测试代码是系统代码的两倍或更多倍。

4.1.2　TDD 使用步骤

TDD 在满足软件开发目标的同时，也要实现代码的简单整洁。

在明确软件需求后，对一个新功能的开发过程包括以下步骤，如图 4-3 所示。

步骤 01：明确当前代码要完成的功能。可以记录成一个列表，必要时需写相关接口。

步骤 02：快速新增对要完成功能的测试。

步骤 03：运行测试，判断测试代码是否通过，通过则执行步骤 06，不通过则执行步骤 04。

步骤 04：编写对应的功能代码。

步骤 05：重新运行测试，保证全部通过。

步骤 06：对代码进行重构，优化代码结构。

步骤 07：循环完成所有功能的开发。

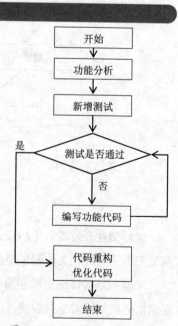

图 4-3 TDD 新增功能代码过程

温馨提示

要完成一个系统，代码的功能点可能很多，需求也可能随时变化，任何阶段想添加功能，都应把相关功能点加到测试列表中，避免疏漏。

4.2 unittest 测试框架

单元测试（unit testing）是指对软件中的最小可测试单元进行检查和验证。Python 自带了一个单元测试框架——unittest 模块。它里面封装好了一些校验返回的结果方法，以及一些用例执行前的初始化操作。

4.2.1 unittest 模块介绍

unittest 原名为 PyUnit，是由 Java 的 JUnit 衍生而来，unittest 模块提供了 TestCase、TestSuite、TestLoader 和 TestRunner 四种方法。

TestCase：用来创建测试用例。

TestSuite：测试套件，当测试用例越来越多时，就需要将多个测试用例集合在一起作为一个测试对象，当然测试套件可以嵌套测试套件，其中的测试用例和测试套件依次执行即可。

TestLoader：测试固件，用来加载 TestCase 到 TestSuite 中去，通常为 setup + testcase + teardown 结构，执行测试的时候 setUp 首先被执行，而且只执行一次，不管测试是否通过，teardown 都会被执行。

TestRunner：测试运行器，用来执行测试用例，可指定执行方式，测试结果会保存到 TestResult 实例中，包括运行的测试用例数，成功和失败的信息等。

4.2.2 构建测试用例

测试用例（TestCase）是为某个特殊目标而编制的一组测试输入、执行条件以及预期结果，以便测试某个程序路径或核实是否满足某个特定需求。Python 中可以通过继承 TestCase 类来构建单元测试用例，覆盖 runtest 函数实现具体的测试。

构建测试用例的步骤如下。

步骤 01：使用 import unittest 导入 unittest 测试框架。

步骤 02：定义一个继承 unittest.TestCase 的测试用例类。

步骤 03：定义 setUp 和 tearDown，做一些提示及辅助工作。

步骤 04：定义测试用例，名称建议以 test 开头，一个测试用例应该只测试一个方面，测试目的和测试内容应很明确。

步骤 05：调用 assertEqual、assertRaises 等断言方法判断程序执行结果和预期结果是否相符，如果测试未通过，会输出相应的错误提示。如果测试全部通过则不显示任何信息，可以添加 -v 参数显示详细信息。

步骤 06：调用 unittest.main() 启动测试。

示例代码如下：

```
import unittest                        # 导入 unittest
from test import Count                 # 被测代码 Count 保存在 test.py 文件中
class TestDemo(unittest.TestCase):     # 定义 TestDemo 类继承 unittest.TestCase
    def setUp(self):                   # 定义 setUp
        print("setUp")
    def test_add(self):                # 定义测试用例 test_add, 名称以 test 开头
        z = Count(2,3)
        self.assertEqual(z.add(),5)    # 断言，结果等于 5
    def test_invid_add(self):
        z = Count(2, 3)
        self.assertNotEqual(z.add(),6) # 断言，结果不等于 6
    def tearDown(self):                # 定义 tearDown
        print("tearDown")
if __name__=="__main__":               #unittest.main()
    suit=unittest.TestSuite()          # 调用 TestSuite() 生成构造函数实例 suit
                                       #addTest 方法将 test_invid_add 测试用例加入 suit
    suit.addTest(TestDemo("test_invid_add"))
    suit.addTest(TestDemo("test_add")) #addTest 方法将 test_add 测试用例加入 suit
    runner=unittest.TextTestRunner()
    runner.run(suit)                   # 执行测试套件，默认按照字母和数字顺序执行
```

被测试的代码实现的功能是两个数相加（Count），代码如下：

```
class Count:
    def __init__(self,a,b):
        self.a = a
        self.b = b
    def add(self):
        return self.a+self.b
```

█ 温馨提示

PyCharm IDE 运行 unittest 文件时，不管是默认的用例执行顺序，还是指定的用例执行顺序，用例执行结果均为默认的顺序，即按照字母和数字的顺序执行。

unittest 常用的类如表 4-1 所示。

表 4-1   unittest 常用类说明

类名	说明
unittest.TestCase	所有测试用例类继承的基本类
unittest.main()	将一个单元测试模块变为可直接运行的测试脚本，main() 方法使用 TestLoader 类来搜索所有包含在该模块中以"test"命名开头的测试方法，并执行它们。执行顺序是根据 ASCII 码的顺序，数字与字母的顺序为：0-9，A-Z，a-z
unittest.TestSuit()	创建测试套件
unittest.TextTestRunner()	该类下面的 run() 方法运行 suite 所组装的测试用例，参数为 suite 测试套件
unittest.defaultTestLoader()	该类下面的 discover() 方法可自动根据测试目录 start_dir 匹配查找测试用例文件（test*.py），并将查找到的测试用例组装到测试套件，可以直接通过 run() 方法执行 discover
unittest.skip	跳过不想执行的测试用例
unittest.skip(reason)	无条件跳过不想执行的测试用例
unittest.skipIf(reason)	条件为真时跳过不想执行的测试用例
unittest.skipUnless(reason)	条件为假时跳过不想执行的测试用例
unittest.expectedFailure()	标记测试失败

断言方法是判断程序执行结果和预期结果是否相符的重要手段，unittest 中常用的断言方法如表 4-2 所示。

表 4-2   unittest 常用断言方法

方法	说明
assertEqual(x,y)	x=y 测试通过
assertNotEqual(x,y)	x!=y 测试通过
assertTrue(x)	x=true 测试通过
assertFalse(y)	y=false 测试通过

4.2.3 构建测试套件

很多时候，测试用例需要在测试代码前面加入一些每个测试用例都需要执行的操作，如数据库操作里的创建数据库连接、启动服务进程、测试环境的清理、关闭数据库的连接等工作。然而不可能每个测试用例都来写入这样重复的代码，为减少这种重复工作，TestCase 提供了 setUp 方法，使得测试用例在执行的时候都执行设置工作。

示例代码如下：

```
import unittest
class SimpleTestCase(unittest.TestCase):
    def setUp(self):                        #设置开始测试源字符串 Begin
```

```
            self.source = "Begin"
    def test_add(self):
            z = Count(2,3)
            self.assertEqual(z.add(),5)
    def tearDown(self):                          #设置结束测试源字符串 End
            print("End")
```

测试固件里的测试用例一般单独作为一个类存在，这种方式非常耗时。当多个测试用例存在的时候，可以根据测试的用途和特性进行组合，unittest 模块提供了 TestSuite 类来生成测试套件。在 TestSuite 类中提供了一个 addTest 方法将单元测试用例加入测试套件中。

```
suit=unittest.TestSuite()                        # 调用 TestSuite() 生成构造函数实例 suit
suit.addTest(TestDemo("test_invid_add"))         #addTest 方法将 test_invid_add 测试用例
                                                 加入 suit
suit.addTest(TestDemo("test_add"))               #addTest 方法将 test_add 测试用例加入 suit
```

在实际开发中，有必要在测试模块中返回已经构建好的测试套件，示例代码如下：

```
Def suit():
Simplesuit=unittest.TestSuite()                  # 调用 TestSuite() 生成构造函数实例
                                                 Simplesuit
    Simplesuit.addTest(SimpleTestCase("test_invid_add"))
    Simplesuit.addTest(SimpleTestCase("test_add"))
Return Simplesuit
```

测试套件可以嵌套，可以把一个测试套件嵌套到另一个测试套件中，从而组织好测试，这相当于把多个测试用例加入到一个测试套件中。

4.2.4 执行测试

Python 执行测试的方式有两种：通过 unittest.main() 启动所需测试的测试模块；添加到 TestSuite 集合中再加载所有的被测试对象，而 TestSuite 里存放的就是所需测试的用例。

以下是执行测试的具体使用方式。

1.unittest.main() 方法

通过 main() 方法实现测试代码的加载执行，示例代码如下：

```
import unittest
class UCTestCase(unittest.TestCase):
    def setUp(self):
        print("Begin")
    # 测试用例 1
    def test_add(self):
      z = Count(2,3)
```

```
            self.assertEqual(z.add(),5)              #断言，结果是否等于5
        def test_invid_add(self):
            z = Count(2, 3)
            self.assertNotEqual(z.add(),6)           #断言，结果是否等于6
    # 测试用例 2
     def tearDown(self):
        print("End")
if __name__ == "__main__":
    unittest.main()
```

2.unittest.TestSuite() 方法

通过 TestSuite() 方法实现测试代码的加载执行，示例代码如下：

```
import unittest
class UCTestCase(unittest.TestCase):
    def setUp(self):
        print("Begin")
    # 测试用例 1
    def test_add(self):
      z = Count(2,3)
      self.assertEqual(z.add(),5)               #断言，结果是否等于5
        def test_invid_add(self):
            z = Count(2, 3)
            self.assertNotEqual(z.add(),6)       #断言，结果是否等于6
    # 测试用例 2
     def tearDown(self):
      print("End")
if __name__ == "__main__":
    suit=unittest.TestSuite()
    suit.addTest(TestDemo("test_invid_add"))
    suit.addTest(TestDemo("test_add"))
    runner=unittest.TextTestRunner()
    runner.run(suit)                    #执行测试套件，默认按照字母和数字顺序执行
```

如果有多个类需要加载执行，可以使用 testLoader 方式，示例代码如下：

```
import unittest
class UCTestCase(unittest.TestCase):
    def setUp(self):
        #测试前需执行的操作
  # 测试用例 1
    def testCreateFolder(self):
        #具体的测试脚本
    # 测试用例 2
    def testDeleteFolder(self):
        #具体的测试脚本
```

```
    def tearDown(self):
        #测试用例执行完后所需执行的操作
if __name__ == "__main__":
    # 构造测试集
    suite = unittest.TestSuite()
    suite.addTest(UCTestCase("testCreateFolder"))
    suite.addTest(UCTestCase("testDeleteFolder"))
    # 执行测试
    runner = unittest.TextTestRunner()
    runner.run(suite)
```

4.3 使用 doctest 模块进行测试

Python 中自带的单元测试的模块，除了 unittest 模块还有 doctest 模块，接下来主要介绍一下 doctest 模块。

4.3.1 doctest 模块介绍

在 Python 的官方文档中，对 doctest 模块是这样介绍的："doctest 模块会搜索那些看起来像是 Python 交互式会话中的代码片段，然后尝试执行并验证结果。" doctest 模块有点类似于交互式 Python 会话的文本段，执行会话来验证结果。在使用 doctest 模块的代码中，文档内容由普通注释和代码执行两部分构成。普通注释和以前的注释形式相同，执行部分有一定的格式要求，需要使用 ">>>" 和 "..." 来和普通注释进行区分，提示符一定是 Python 标注 Shell 提示符。可执行部分包含输入和输出，实际开发中，doctest 模块会搜索代码中内容文档的可执行部分，然后比较实际结果和预期结果。

作为执行结果输出，与 unittest 框架相比，doctest 更简单易用，能实现文档和代码同步。示例代码如下：

```
def multiply(a,b):
    """
    >>> multiply(3,4)                #执行部分
    12                               #预期结果
    >>> multiply('coco~',3)          #执行部分
    'coco~coco~coco~'                #预期结果
    """
    return a * b                     #返回a*b
if __name__ == '__main__':
```

```
import doctest                      # 导入 doctest
doctest.testmod(verbose=True)
# 默认 verbose=False，只显示失败信息，如果 verbose=True 则显示所有信息
```

以上代码就是使用 doctest 模块的实例，测试用例包含在一对 """ 中，执行代码的时候，Python 会搜索执行部分，比如 >>> multiply(2,3)，然后比较结果与预期结果 6 是否相等，然后输出结果信息。执行结果如下：

```
Trying:
    multiply(3,4)
Expecting:
    12
ok
Trying:
    multiply('coco~',3)
Expecting:
    'coco~coco~coco~'
ok
1 items had no tests:
    __main__
1 items passed all tests:
    2 tests in __main__.multiply
2 tests in 2 items.
2 passed and 0 failed.
Test passed.
```

4.3.2 构建可执行文档

doctest 模块中没有包含测试类或者方法，都是在执行语句中，执行语句是 doctest 的核心部分。示例如下：

```
>>> multiply(3,4)                  # 执行部分
    12                             # 预期结果
```

multiply 为函数名，3,4 为 multiply 的两个参数，返回结果期望值为 12。

这是将 doctest 嵌入源码中的表示方式，如果不想嵌入源码中，还可以建立一个独立的文本文件来保存测试用例。将以下代码存入 testmultiply.txt 文档中。

```
>>>from testmultiply import multiply
>>> multiply(3,4)                  # 执行部分
    12                             # 预期结果
>>> multiply('coco~',3)           # 执行部分
'coco~coco~coco~'                  # 预期结果
```

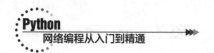

在 shell 中执行以下命名。

```
python -m doctest -v testmultiply.txt
```

运行结果：显示 12 和 'coco-coco-coco-'。

两种方法实现结果都是一样的，如果需要测试的代码比较简单就直接采用执行语句的方式，如果需要测试的代码比较多和复杂，也为了更好管理测试代码，可采用独立文本表示的方法。

4.3.3 执行 doctest 测试

doctest 执行测试主要是通过 testmod() 方法实现，示例代码如下：

```
if __name__ == '__main__':
    import doctest
    doctest.testmod(verbose=True)
```

上面的代码使用 doctest.testmod(verbose=True) 会代入文档字符串中的测试，如 multiply(3,4) 和 multiply('coco~',3)，并把结果与 12 和 'coco~coco~coco~' 进行比较，从而输出比较结果。

在 doctest 模块还有一个 testfile 方法，用来读取指定文件中包含可执行文档的文本内容。我们可以将测试代码放入一个文本文档（testmultiply.txt）中，然后使用以下代码执行测试，实现效果与 testmod() 方法相同。

```
def test():
    import doctest
    doctest.testfile(testmultiply.txt)
if __name__ == '__main__':
    _test()
```

运行结果：显示 12 和 ' coco-coco-coco-' 。

➤ 新手问答

01 软件测试中有一个很重要的度量指标是代码覆盖率，Python 中如何统计代码覆盖率？

答： 代码覆盖率就是程序中源代码被测试的比例和程度，所得比例称为代码覆盖率。Python 单元测试中的代码覆盖率的统计首先要使用命令"pip install coverage #(py -3 -m pip install coverage)"安装 coverage，然后依次使用以下三个命令即可统计代码覆盖率。

```
coverage run xxx.py        #xxx.py 是测试脚本文件，运行测试脚本文件
coverage report -m         #在控制台打印出覆盖率报告信息
```

```
coverage html              #在同级目录下生成一个 htmlcov 的文件夹，打开文件夹中的 index.
                           html 即可用图形化界面方式查看代码覆盖率
```

02　测试模型除了文中提到的 V 模型和 X 模型，还有哪些模型？

答： 除了文中提到的 V 模型和 X 模型外，测试模型还有 W 模型和 H 模型。

W 模型是 V 模型的发展，强调的是测试伴随整个软件开发生命周期，测试的对象不仅仅是代码，还包括需求和设计，测试与开发同步进行，有利于尽早地发现问题。

H 模型是将软件测试过程活动完全独立，使之贯穿于整个产品的周期，与其他流程并发地进行。某个测试点准备就绪时，就可以从测试准备阶段进行到测试执行阶段。软件测试也可以尽早地进行，并且可以根据被测物的不同而分层次进行。

➤ 牛刀小试

【案例任务】

实现 2、3、4 相加求和的功能，为这一功能编写测试用例。

【技术解析】

本案例主要使用了测试驱动开发的思想，实现思路如下。

1. 导入 unittest 模块。

2. 保存测试代码到 test.py 文件。

3. 编写测试类继承 unittest.TestCase。

4. 编写 setUp() 和 tearDown() 方法分别用于测试用例前后。

5. 在 setUp() 和 tearDown() 两个方法中编写断言，验证代码正确性。

【编程实现】

代码实现及分析（example4-1.py）如下：

```
import unittest                          # 导入 unittest
from test import Sum                     # 被测代码 Count 保存在 test.py 文件中
class TestDemo(unittest.TestCase):       # 定义 TestDemo 类继承 unittest.TestCase
    def setUp(self):                     # 定义 setUp
        print("start")
    def test_add(self):                  # 定义测试用例 test_add，名称以 test 开头
        z = Sum(2,3,4)
        self.assertEqual(z.add(),9)      # 断言，结果是否等于 9
    def test_invid_add(self):
        z = Count(2,3,4)
```

```
            self.assertNotEqual(z.add(),6)      #断言，结果不等于6
        def tearDown(self):                     #定义 tearDown
            print("end")
    if __name__=="__main__":                    #unittest.main()
        suit=unittest.TestSuite()               # 调用 TestSuite() 生成构造函数实例 suit
        #addTest 方法将 test_invid_add 测试用例加入 suit
        suit.addTest(TestDemo("test_invid_add"))
        suit.addTest(TestDemo("test_add"))      #addTest 方法将 test_add 测试用例加入 suit
        runner=unittest.TextTestRunner()
        runner.run(suit)                        # 执行测试套件，默认按照字母和数字顺序执行
```

编写功能 3 代码如下：

```
class Sum:
    def __init__(self,a,b,c):
        self.a = a
        self.b = b
        self.c = c
    def add(self):
        return self.a+self.b+self.c
```

➤ 本章小结

本章介绍了敏捷开发模式在 Python 中的应用，重点讲述了测试驱动开发以及 TDD 开发流程。TDD 是敏捷开发中的一项核心实践和技术，也是一种设计方法论。Python 编码实现测试驱动开发会涉及 unittest 和 doctest 模块 2 个内置单元测试框架。unittest 模块有 TestCase、TestSuite、TestLoader 和 TestRunner 四种方法。doctest 模块相对比较简单，有点类似于 Python 交互式会话中的代码片段，主要使用 ">>>" 来标注执行语句。测试是开发的重要阶段，要保证系统质量，必须做好测试工作，TDD 在做好测试的同时更能有效提高开发效率。

2

第2篇

核心篇

网络编程最主要的工作就是在发送端把信息通过规定好的协议进行打包，在接收端按照规定好的协议把包进行解析，从而提取出对应的信息，达到通信的目的。中间最主要的就是数据包的组装、过滤、捕获和分析，最后再做一些处理。代码、开发工具、数据库、服务器架设和网页设计都是网络编程的重要组成部分。

本篇将围绕网络编程的知识点，介绍 Python 网络编程的相关内容，主要包括 HTTP 服务器与客户端编程、Socket 网络编程、Web 应用编程、网络文件传输编程、POP3 和 SMTP 协议收发邮件编程应用、使用 SNMP 协议管理网络编程应用。

第 5 章
HTTP 服务器与客户端编程

■ **本章导读**

本章从 HTTP 协议开始，介绍通过 HTTP 协议实现服务器与客户端的通信，包括 HTTP 请求端口、Cookie，实现具体的 GET 和 POST 请求，以及 Python 网络编程中标准库的使用。

■ **知识要点**

● HTTP 协议

● HTTP 服务器实现

● HTTP 请求

● 异步通信方式

● 服务器框架

5.1 HTTP 协议介绍

超文本传输协议 HTTP(Hyper Text Transfer Protocol)，是用于从 WWW 服务器传输超文本到本地浏览器的传送协议。它可以使网络传输减少，让浏览器更加高效。它不仅保证计算机正确快速地传输超文本文档，还确定传输文档中内容显示的先后顺序。HTTP 是一个应用层协议，由请求和响应构成，是一个标准的客户端服务器模型，现在流行的版本是 HTTP 1.1。

客户端与服务器使用 HTTP 协议进行通信的工作过程可分为以下 5 个步骤。

步骤 01：建立客户端与服务器的连接。

步骤 02：客户端发送一个请求给服务器，请求方式的格式为：统一资源标识符（URL）、协议版本号，MIME 信息（包括请求修饰符、客户机信息和可能的内容）。

步骤 03：服务器接到请求后，给予相应的响应信息，其格式为一个状态行，包括信息的协议版本号、一个成功或错误的代码，MIME 信息（包括服务器信息、实体信息和可能的内容）。

步骤 04：客户端接收服务器返回的信息通过浏览器显示出来。

步骤 05：客户端与服务器断开连接。

整个过程 HTTP 会自动完成，用户只需发送请求和接收响应结果即可。

5.1.1　HTTP 认证

要实现 HTTP 通信，客户端需要认证，HTTP 认证有 Basic 认证、Digest 认证、SSL Client 认证和表单认证。

1. Basic 认证

当客户端向 HTTP 服务器端发送请求的时候，如果客户端未认证，HTTP 服务器会使用 Basic 认证对客户端的用户名及密码进行验证，客户端在接收到 HTTP 服务器的身份认证要求后，会提示输入用户名及密码，然后以 Base64 方式加密，加密后的密文将附加于请求信息中，并于每次请求数据时，将密文附加于请求头（Request Header）中。HTTP 服务器在每次收到请求包后，根据协议取得客户端附加的用户信息（Base64 加密的用户名和密码），解开请求包，对用户名及密码进行验证，如果用户名及密码正确，则根据客户端请求，返回客户端所需要的数据；否则，返回错误代码或重新要求客户端提供用户名及密码。这种方式在使用中很容易被破解，实际使用中常配合 SSL 使用。

2. Digest 认证

Digest 认证是为了解决 Basic 认证不安全的问题。认证过程分为以下 3 个步骤。

步骤 01：客户端访问 HTTP 资源服务器，服务器返回两个重要字段 nonce（随机数）和 realm。

步骤 02：客户端构造 Authorization 请求头，值包含 username、realm、nouce、uri 和 response 的字段信息。其中，realm 和 nouce 就是第一步返回的值。nouce 只能被服务器端使用一次。uri(digest-uri) 即 Request-URI 的值，但考虑到经代理转发后 Request-URI 的值可能被修改，因此事先会复制一份副本保存在 uri 内。response 也可叫做 Request-digest，存放经过 MD5 运算后的密码字符串，形成响应码。

步骤 03：服务器验证包含 Authorization 值的请求，若验证通过则可访问资源。

Digest 认证虽可防止密码泄露，但没法防假冒，安全级别也比较低。

3. SSL Client 认证

SSL Client 认证相对于 Basic 认证和 Digest 认证，安全级别较高，但有证书费用。认证过程分为以下 5 个步骤。

步骤 01：客户端向服务器端发送请求，服务器端要求客户端出示数字证书。

步骤 02：客户端发送数字证书。

步骤 03：服务器端通过数字证书机构的公钥验证数字证书的合法性，验证通过后取出证书的公钥。

步骤 04：服务器端随机生成一个数为对称密钥，并使用非对称算法和证书公钥加密。

步骤 05：客户端使用非对称解密算法和证书私钥获取服务器端发送的对称密钥。

SSL Client 认证由于安装、升级证书麻烦及收取证书费用等原因，在实际中使用得并不多。

4．表单认证

基于表单的认证方式并不存在于 HTTP 规范中，所以实现方式也呈现多样化。表单认证一般都会配合 Cookie+sessionId 使用，现在绝大多数的 Web 站点都是使用此认证方式。用户在登录页中填写用户名和密码，服务端认证通过后会将 sessionId 返回给浏览器端，浏览器会保存 sessionId 到浏览器的 Cookie 中。因为 HTTP 是无状态的，所以浏览器使用 Cookie 来保存 sessionId，下次客户端发送的请求中会包含 sessionId 值，服务端发现 sessionId 存在并认证过，则会提供资源访问。

5.1.2　Cookies 操作

客户端通过 Internet 向服务器发送请求，服务器为了认证用户身份，进行 session 跟踪而储存在客户端上的数据（通常经过加密），就是 Cookies。

Python 中内置 urllib 和 http 模块，用户可以使用 import 导入 http.cookiejar 和 urllib.request，然后对 Cookies 进行操作。对 Cookies 的操作主要包括两个方面：从网页获取 Cookies；将 Cookies 文件存为 txt 文档，然后读取它。

下面是 Cookies 操作的实现代码。

1．从网页获取 Cookies

```
import http.cookiejar
Import urllib.request
cookie  = http.cookiejar.LWPCookieJar()           # 创建 CookieJar 对象
# 使用 HTTPCookieProcessor 创建 cookie 处理器
handler = urllib.request.HTTPCookieProcessor(cookie)
openner = urllib.request.build_opener(handler) # 创建 openner 对象
# 向 http://www.baidu.com 发送请求，
request = urllib.request.Request('http://www.baidu.com')
response  = openner.open(request)                 #openner 对象使用 open 方法打开请求
for item in cookie:
    print(item.name+'='+item.value)
```

上述代码的运行结果如下：

```
BAIDUID=8E8D8D57812D1B21A2DCDA5E01425367:FG=1
```

```
BIDUPSID=8E8D8D57812D1B21A2DCDA5E01425367
H_PS_PSSID=1446_21091_28775_28722_28558_28584_26350_28603_28625_22160
PSTM=1554527563
delPer=0
BDSVRTM=0
BD_HOME=0
```

2. 将 Cookie 以文本格式保存后再读取

```
#cookie 保存为文本格式
import urllib.request
import http.cookiejar
filename = 'cookies.txt'
cookie = http.cookiejar.LWPCookieJar(filename)
handler = urllib.request.HTTPCookieProcessor()
openner = urllib.request.build_opener(handler)
response = openner.open('http://www.baidu.com')
cookie.save(ignore_discard=True,ignore_expires=True)
# 读取 cookie 文件
cookie = http.cookiejar.LWPCookieJar()
cookie.load('cookies.txt',ignore_expires=True,ignore_discard=True)
handler = urllib.request.HTTPCookieProcessor(cookie)
openner = urllib.request.build_opener(handler)
response = openner.open('http://www.baidu.com')
print(response.read().decode('utf-8'))
```

5.1.3 主机与编码

　　数据在计算机的表现形式都是以二进制的方式呈现，程序运行期间，Python 完全隐藏了内部实现及存储的细节，用户只能看到外部的表现。网络通信不同，用户需要考虑传输过程中的数据表现方式。如果想通过套接字传输一个符号串，就需要使用某种编码方法为每个符号分配一个确切的字节值。

　　ASCII 是最流行的编码方式。ASCII 码使用指定的 7 位或 8 位二进制数组合来表示 128 或 256 种可能的字符。标准的 ASCII 码，使用 7 位二进制数（剩下的 1 位二进制为 0）来表示所有的大写和小写字母、数字 0 到 9、标点符号，以及在美式英语中使用的特殊控制字符。后 128 个字符称为 ASCII 扩展码。许多基于 X86 的系统都支持使用扩展（或"高"）ASCII。ASCII 扩展码允许将每个字符的第 8 位用于确定附加的 128 个特殊符号字符、外来语字母和图形符号。Python 内置的多数单字节编码方式都是 ASCII 扩展码。

　　Python 3.X 的字符串包含的字符远不止 ASCII 码字符，主要源于它支持 Unicode。Python 把字符串看成是由 Unicode 字符组成的序列，它隐藏了 Python 字符串在内存中的实现，但在处理文件和网络上的数据时，必须考虑字符的外部表现。Python 3 之前的版本中 Unicode 编码方式是最基础的。

1. 字符串的编码和解码

Python 提供了 encode()（编码）和 decode()（解码）两个函数，实现了数据的编码和解码，即 str → unicode → str。来看一个简单的编码和解码的实现。

```
text = ' 天气真好! '
bytetext = text.encode()          # 对 text 进行编码
print(bytetext)                   # 打印编码后的值
print(bytetext.decode())          # 打印解码后的值
```

上述代码的运行结果如下：

```
b'\xe5\xa4\xa9\xe6\xb0\x94\xe7\x9c\x9f\xe5\xa5\xbd\xef\xbc\x81'
天气真好!
```

Python 通过 encode() 编码函数将字符串"天气真好"进行编码"b'\xe5\xa4\xa9\xe6\xb0\x94\xe7\x9c\x9f\xe5\xa5\xbd\xef\xbc\x81'"，然后通过 decode() 对其解码，最后输出用户期望的值。

对 encode() 和 decode() 函数可以将字符串按照指定编码方式进行编码，默认为 Unicode 编码方式，表现形式如下。

```
u = ' 字符串 '                     # 显示指定 unicode 类型对象 u
str = u.encode('gb2312')          # 以 gb2312 编码对 unicode 对象进行编码
str1 = u.encode('gbk')            # 以 gbk 编码对 unicode 对象进行编码
str2 = u.encode('utf-8')          # 以 utf-8 编码对 unicode 对象进行编码
u1 = str.decode('gb2312')         # 以 gb2312 编码对字符串 str 进行解码，以获取 unicode
u2 = str.decode('utf-8')          # 以 utf-8 的编码对 str 进行解码，无法还原原来的 unicode 类型
```

由上面的例子可以看出，str1、str2 都是字符串，这样的操作其实增加了编码的复杂性。Python 3 中用字符串类型（str）替代 unicode 字符编码成为基础类型。encode()（编码）和 decode()（解码）两个函数使用方法不变，只是编码后变为了字节类型 (bytes)：bytes → str(unicode) → bytes。

2. 文件的编码和解码

单个的字符串，不管用什么样的编码方式和解码方式来操作都很简单，但如果是一个文件的编码和解码就没有想象中那么容易了。

其实在一个文件保存的时候，它的编码方式就已经形成了，解码方式应该根据保存时的编码方式选择。比如用户新建一个 txt 文件，保存时的编码方式选择 utf-8，保存名字为 test.txt，使用 Python 读取文件内容，方式如下。

```
f = open('test.txt','r')
s = f.read()                      # 读取文件内容，如果是不识别的 encoding 格式将读取失败
```

```
str = u.encode('utf-8')              # 以文件保存格式对内容进行解码，获得 utf-8 编码的字符串 str
u = s.decode('gb2312')               # 转换为 unicode 字符串
str1 = u.encode('gbk')               # 转换为 gbk 编码的字符串 str1
str1 = u.encode('utf-16')            # 转换为 utf-16 编码的字符串 str1
```

Python 给用户提供了一个 codecs 包进行文件的读取，这个包中的 open() 函数可以指定编码的类型，将上面代码进行如下改写。

```
import codecs
f = codecs.open('text.text','r+',encoding='utf-8')    # 文件编码使用 utf-8，如果不是将
                                                       报错

content = f.read()
f.write(' 你想要写入的信息 ')
f.close()
```

3. struct 模块

网络传输都是以二进制的方式进行，struct 模块提供了用于将数据与二进制格式进行相互转换的各种操作。如果想使用网络套接字传输二进制数据，可以使用 struct 模块生成用于网络传输的二进制数据，接受方接收到数据后使用 struct 模块进行解码。struct.pack() 实现数据编码过程，struct.unpack() 实现数据解码过程，示例代码如下：

```
import struct
print(struct.pack('>i',4253))        # "i" 表示 4 个字节存储数据。">" 表示高字节在前
                                       ( "<" 表示低字节在前 )
print(struct.unpack('>i',b'\x00\x00\x10\x9d'))
```

上述代码运行的结果如下：

```
b'\x00\x00\x10\x9d'
(4253,)
```

5.2 HTTP 服务器实现

由于 HTTP 协议的广泛应用，Python 开发人员实现了许多的方案，这些方案实现了主要的服务器模式，Python 标准库提供了一个内置的 HTTP 服务器实现，可以从命令行启动该服务。

5.2.1 http.server 搭建服务器

在 Python 3.x 中搭建服务器都是使用 Python 自带的 http.server，搭建服务器步骤如下。

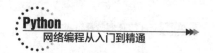

步骤 01：首先进入需要做服务器的目录（目录里可以放一个用于测试的静态网页 index.html），然后输入如下命令：

```
python -m http.server
```

如果在命令的后面不加端口号，服务器默认的端口是 8000，如果想更改端口可以用如下命令：

```
python -m http.server --cgi 端口号（如 8888）
```

步骤 02：在浏览器中输入"http://localhost:8000/"（如果端口号被更改，浏览器中的端口号要变换过来），浏览器会显示目录里存放的 index.html 文件，在 DOS 界面也会显示出网页访问信息，如图 5-1 所示。

```
D:\httpservertest>python -m http.server
Serving HTTP on 0.0.0.0 port 8000 (http://0.0.0.0:8000/) ...
127.0.0.1 - - [07/Apr/2019 14:29:04] "GET / HTTP/1.1" 200 -
127.0.0.1 - - [07/Apr/2019 14:29:04] code 404, message File not found
127.0.0.1 - - [07/Apr/2019 14:29:04] "GET /favicon.ico HTTP/1.1" 404 -
```

图 5-1　http.server 访问结果

5.2.2　BaseHTTPRequestHandler 搭建服务器

Python 在标准库中加入了 http.server 模块，使用该模块来实现服务时，开发人员可以编写子类继承 BaseHTTPRequestHandler，并添加 do_GET() 和 do_POST() 方法。示例代码如下：

```
from http.server import HTTPServer, BaseHTTPRequestHandler
import json
data = {'testweb': 'hello world！'}              # 网页界面显示信息
host = ('localhost', 8080)                       # 设置服务器地址及端口号
class Resquest(BaseHTTPRequestHandler):          # 建立基类 Resquest
    def do_GET(self):
        self.send_response(200)                  # 发送响应 200
        self.send_header('Content-type', 'application/json')
                                                 # 发送头文件
        self.end_headers()
        self.wfile.write(json.dumps(data).encode())
if __name__ == '__main__':
    server = HTTPServer(host, Resquest)
    print("Starting server, listen at: %s:%s" % host)
    server.serve_forever()
```

上述代码运行的结果如图 5-2 所示。

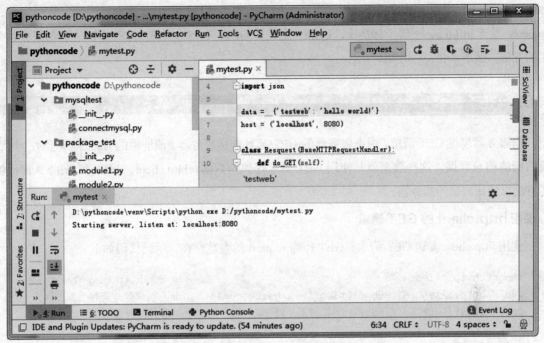

图 5-2　BaseHTTPRequestHandler 启动服务器

可以看到服务被启动，一直开启，在浏览器中输入"http://localhost:8080/"，结果如图 5-3 所示。

图 5-3　网页显示效果

同时在 PyCharm 控制台显示下列信息：

```
127.0.0.1 - - [07/Apr/2019 14:55:29] "GET / HTTP/1.1" 200 -
```

温馨提示

BaseHTTPServer、SimpleHTTPServer、CGIHTTPServerPython 都是在 Python 2.X 中搭建服务器的模块，在 Python 3.X 中，搭建服务器都是使用 http.server。

5.3 HTTP 请求

Python 3.X 处理 HTTP 请求的包有 http.client、urllib、urllib 3 和 requests。http.client 比较基

础，urllib 属于标准库，urllib 3 与 urllib 类似，拥有一些重要特性，但是属于扩展库，需要安装。requests 基于 urllib 3，不属于标准库。Python 定义了 GET、POST、DELETE、PUT4 种与服务器交互的方法，接下来将一一介绍。

5.3.1 GET 请求

向服务器发送 GET 请求，根据服务器的 URL 地址连接服务器，地址栏的 URL 地址会加上 '?' 及后面的信息数据，这些数据就是使用 GET 请求得到的数据。http.client、urllib 和 urllib 3 都提供了方法以便用户访问服务器。

1. 使用 http.client 的 GET 请求

使用 http.client 发送 GET 请求，GET 作为 request 的参数存在，示例代码如下：

```
import http.client                                          # 导入 http.client
con = http.client.HTTPConnection('www.baidu.com')           # 与百度建立连接
con.request("GET", "/index.html",'',{})                     # 使用 get 方法
resu = con.getresponse()
print("resu.status=",resu.status)                           # 打印读取到的数据
print (resu.read())
```

上述代码运行的结果如图 5-4 所示。

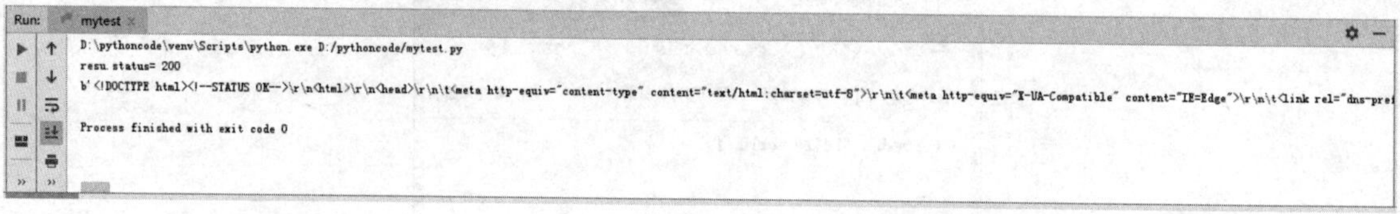

图 5-4 http.client 的 GET 请求

2. urllib 的 GET 请求

urllib 是使用 request 来发送 GET 请求的，示例代码如下：

```
from urllib import request
req = request.Request('http://www.baidu.com/')
req.add_header('User-Agent','')
with request.urlopen(req) as f:
    print('Status:', f.status, f.reason)
    for k, v in f.getheaders():
        print('%s: %s' % (k, v))
```

上述代码运行的结果如图 5-5 所示。

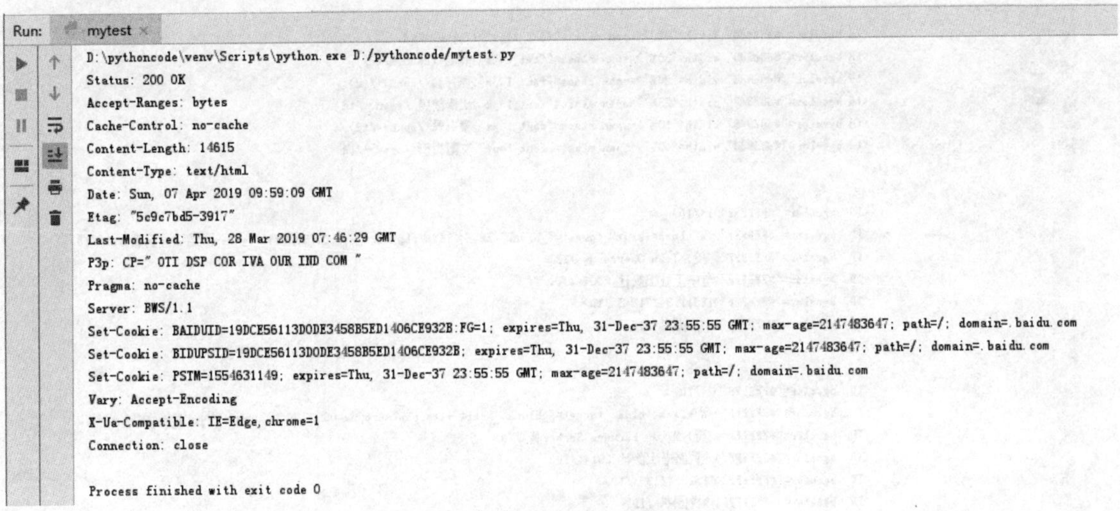

```
Run:    mytest ×
    D:\pythoncode\venv\Scripts\python.exe D:/pythoncode/mytest.py
    Status: 200 OK
    Accept-Ranges: bytes
    Cache-Control: no-cache
    Content-Length: 14615
    Content-Type: text/html
    Date: Sun, 07 Apr 2019 09:59:09 GMT
    Etag: "5c9c7bd5-3917"
    Last-Modified: Thu, 28 Mar 2019 07:46:29 GMT
    P3p: CP=" OTI DSP COR IVA OUR IND COM "
    Pragma: no-cache
    Server: BWS/1.1
    Set-Cookie: BAIDUID=19DCE56113D0DE3458B5ED1406CE932B:FG=1; expires=Thu, 31-Dec-37 23:55:55 GMT; max-age=2147483647; path=/; domain=.baidu.com
    Set-Cookie: BIDUPSID=19DCE56113D0DE3458B5ED1406CE932B; expires=Thu, 31-Dec-37 23:55:55 GMT; max-age=2147483647; path=/; domain=.baidu.com
    Set-Cookie: PSTM=1554631149; expires=Thu, 31-Dec-37 23:55:55 GMT; max-age=2147483647; path=/; domain=.baidu.com
    Vary: Accept-Encoding
    X-Ua-Compatible: IE=Edge,chrome=1
    Connection: close

    Process finished with exit code 0
```

图 5-5　urllib.request 的 GET 请求

5.3.2　POST 请求

POST 请求与 GET 请求相比要隐秘很多，必须通过向浏览器提交数据才会返回完整的界面。POST 请求是将提交的数据放在 HTTP 的包体中，这无疑增强了数据的安全性，常见的账号密码登录过程，就是典型的 POST 请求。它不像 GET 请求那样，用户可以通过跳转的 URL 就可以查看向服务器发送的数据。另外，POST 请求除了提交数据外，还可以提交文件，这点也是 GET 请求做不到的。

使用 POST 请求的示例代码如下：

```
import urllib.request
import urllib.parse
url = 'http://210.34.4.28/opac/search_adv_result.php'
headers = {'User-Agent':'Mozilla/5.0 (Windows NT 10.0; WOW64) AppleWebKit/537.36
(KHTML,like Gecko) Chrome/55.0.2883.103 Safari/537.36', 'Connection':'keep-alive'}
values = {'q0':'python 网络编程 ', 'sType0':'any'}      #检索关键字 Python 网络编程
data = urllib.parse.urlencode(values)                   #编码工作, 字典转换为字符串的格式
full_url = url + '?' + data                             #用字符串相加的方式得到新的 url
request = urllib.request.Request(url=full_url, headers=headers)
response = urllib.request.urlopen(request).read()
html = response.decode('utf-8')
print(html)
```

上述代码运行的结果如图 5-6 所示。

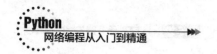

```
    ▶  ↑    <tr>
    ■  ↓       <td bgcolor="#d8d8d8" width="5%"><span class="font_14px"></span></td>
    II ⇥       <td bgcolor="#d8d8d8" width="30%"><span class="font_14px">题名</span></td>
    ▪  ⇥       <td bgcolor="#d8d8d8" width="20%"><span class="font_14px">责任者</span></td>
    ▪          <td bgcolor="#d8d8d8" width="25%"><span class="font_14px">出版信息</span></td>
    ✦  ⓘ       <td bgcolor="#d8d8d8" width="10%"><span class="font_14px">索书号</span></td>
               <td bgcolor="#d8d8d8" width="10%"><span class="font_14px">文献类型</span></td>
            </tr>
            <tr>
               <TD  bgcolor="#FFFFFF">1</TD>
               <TD  bgcolor="#FFFFFF"><a class="blue" target="_blank" href="item.php?marc_no=0000592934">Python网络编程基础</a></TD>
               <TD  bgcolor="#FFFFFF">(美) John Goerzen著</TD>
               <TD  bgcolor="#FFFFFF">电子工业出版社 2007</TD>
               <TD  bgcolor="#FFFFFF">TP311.56/718.3</TD>
               <TD  bgcolor="#FFFFFF">中文图书</TD>
            </tr>
            <tr>
               <TD  bgcolor="#FFFFFF">2</TD>
               <TD  bgcolor="#FFFFFF"><a class="blue" target="_blank" href="item.php?marc_no=0003579734">Python网络编程攻略</a></TD>
               <TD  bgcolor="#FFFFFF">(英) M. O. Faruque Sarker著</TD>
               <TD  bgcolor="#FFFFFF">人民邮电出版社 2014</TD>
               <TD  bgcolor="#FFFFFF">TP312PY/136</TD>
               <TD  bgcolor="#FFFFFF">中文图书</TD>
            </tr>
            <tr>
```

图 5-6　POST 请求

5.3.3　requests 模块

requests 支持 HTTP 请求、Cookie 保持会话、文件上传、自动响应内容编码、国际化的 URL 和 POST 数据自动编码。requests 在 Python 内置模块的基础上进行了高度的封装，使得 Python 进行网络请求时，可以轻松地完成浏览器的任何操作。在使用requests之前需要使用import导入该模块。

1. GET 请求

requests 使用 GET 方法的语法格式如下：

```
requests.get（url[, params, kwargs]）
```

其中URL是要连接的服务器地址，params 是字典或字节序列，作为参数增加到 URL 中（可选），kwargs 表示 12 个控制访问的可选参数。

示例代码如下：

```python
import requests
r = requests.get("http://xxxxx?name=****")
print(r.text)
```

2. POST 请求

requests 使用 POST 方法的语法格式如下：

```
requests.post（URL[, data, JSON, kwargs]）
```

其中 URL 是要连接的服务器地址；data 作为 request 对象 body 的内容，可以为字典、字节序列、文件，是可选参数；JSON 作为 request 对象 body 的内容，JSON 格式的数据；kwargs 表示 11 个控制访问参数。

示例代码如下：

```
import requests
postdata = { 'name':'****' }
r = requests.post("http://xxxxx?name=****",data=postdata)
print(r.text)
```

5.4 异步通信方式

异步通信方式是一种非阻塞式通信，发送方和接收方在通信时两个字符之间的时钟可以是任意的，接收方不需要与发送方的时钟同步，但要随时做好接收准备，根据发送方发送的开始和结束的标志来识别，并做出响应。

5.4.1 使用 Fork 方式

服务器端和客户端进行通信时，常常会接收到多个客户端的请求，如果一个请求处理完了再处理下一个请求，效率就会很低，所以这时就需要使用异步通信的方式。

Python 中提供了 Fork 方式和 multiprocessing 方式来实现异步通信。其中，Fork 方式是基于 UNIX/Linux 系统的，Windows 系统不适用。

Fork() 方法实现异步通信的过程如下：

```
import os
pid=os.fork()
```

这时内存会把父进程的代码及内存分配情况拷贝一份生成子进程，因此子进程和父进程既可以共享代码空间，运行时又相互独立、互不影响。

温馨提示

os.fork() 是一次调用，两次返回，在父进程的运行空间返回子进程的 ID 号，在子进程空间返回 ID 号为 0。

使用 Fork 通信的代码如下：

```
import os
fpid = os.fork()
```

```
if (fpid==0):
    print("this is child fpid = {}".format(fpid))
else:
    print("this is parent fpid = {}".format(fpid))
```

上述代码运行的结果如下：

```
this is parent fpid = 23581
this is child fpid = 0
```

从结果可以看出，os.fork() 是一次调用，两次返回。

我们来分析下代码执行过程：当运行 os.fork() 这句代码时，系统产生两个独立的进程，在父进程中获取到的 fpid 是子进程的 fpid 号 23581，所以判断非 0，输出 "this is parent fpid = 23581"，而子进程中获取的 fpid 是 0，再执行一次条件语句，输出的结果就是 "this is child fpid = 0"。

5.4.2 使用 multiprocessing 模块

Python 提供了跨平台的模块 multiprocessing 方式来实现异步通信，multiprocessing 模块是内置模块，它使用 Process 来创建进程。

语法格式如下：

```
P = multiprocessing.Process( 执行函数 , 函数的参数 )      # 创建一个进程
p.star()                                                 # 启动进程
p.join()                                                 # 实现进程间的同步，等待所有进程
                                                           退出
p.close()                                                # 阻止多余的进程涌入进程池 Pool
                                                           造成进程阻塞
```

示例代码如下：

```
# -*- coding: UTF-8 -*-
import multiprocessing
import os
def run_proc(name):
    print('Child process {0} {1} Running '.format(name, os.getpid()))
if __name__ == '__main__':
    print('Parent process {0} is Running'.format(os.getpid()))
    for i in range(5):                                    # 循环 5 次
    #target 是执行函数, args 是函数参数
        p = multiprocessing.Process(target=run_proc,args=(str(i),))
        print('process start')
        p.start()
    p.join()
    print('Process close')
```

上述代码运行的结果如图 5-7 所示。

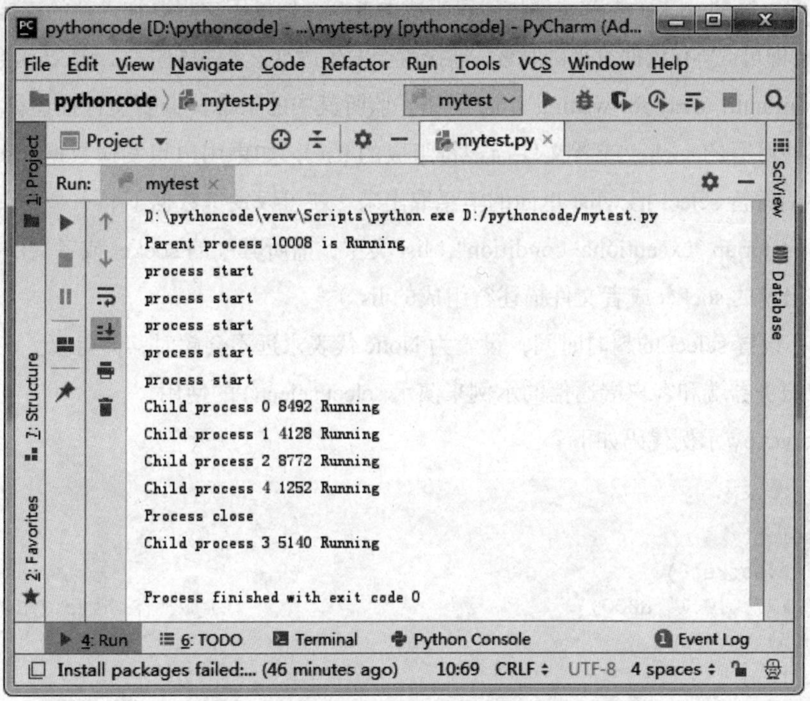

图 5-7　multiprocessing 创建进程执行结果

5.4.3 异步 IO 方式

用户可以使用前面提到的两种方法来处理需要同时实现多个连接的情况。不过，针对持续时间长且数据突发的多连接，前面提到的方法就会占用过多的资源。改进的方法就是采用专门的异步 IO 通信方式，即在一定时间段内查看已有连接并处理。Python 使用 select 模块来实现异步 IO 方式。select 模块中有 select、poll、epoll 三种方法，select 方法支持 Windows，poll 和 epoll 方法支持 Linux。

select 方法

使用 select 方法实现进程指定内核监听文件描述对应事件（最多监听 1024 个 fd，fd 是一个 long 类型的数组，每一个数组元素都能打开一个文件句柄），当没有文件描述符事件发生时，进程被阻塞；当一个或者多个文件描述符事件发生时，进程被唤醒。

当我们调用 select() 时，先转换为内核状态，将 fd 从用户空间复制到内核空间，内核遍历所有 fd，查看其对应事件是否发生，如果没发生，将进程阻塞，当设备驱动超时或者产生中断时，将进程唤醒，再次进行遍历，返回遍历后的 fd，将 fd 从内核空间复制到用户空间。

select() 语法格式如下：

```
select.select(rlist,wlist,xlist[,timeout])
```

#rlist：wait until ready for reading（list 类型，监听其中的 socket 或者文件描述符是否变为可读状态，返回那些可读的 socket 或者文件描述符组成的 list），如果用户想要加入新的连接，只需要把连接对象放进 rlist 即可，当有数据过来的时候，连接就会发生改变（文件描述符），select 函数就会监听到；

#wlist：wait until ready for writing（list 类型，监听其中的 socket 或者文件描述符是否变为可写状态，返回那些可写的 socket 或者文件描述符组成的 list），如果用户想发送数据，可以把 conn 加入到 wlist，然后等待 select 把 wlist 里面的消息取出来，就可以发送数据了；

#xlist：wait for an "exceptional condition"（list 类型，监听其中的 socket 或者文件描述符是否出错，返回那些出错的 socket 或者文件描述符组成的 list）；

#timeout：设置 select 的超时时间，设置为 None 代表永远不会超时，即阻塞。

接下来以服务器端和客户端通信的示例来演示 select.select() 的使用。

服务器 server.py 示例代码如下：

```
import socket
import select
s = socket.socket()
s.bind(('127.0.0.1',8000))                    #服务器: http://127.0.0.1:8000
s.listen(5)
r_list = [s,]
num = 0
while True:
    rl, wl, error = select.select(r_list,[],[],10)    #r_list 赋值给 rl
    num+=1
    print('counts is %s'%num)                 # 输出入 num 的值
    print("rl=%s"%(rl))                        # 输出 rl 的值
```

客户端 client.py 示例代码如下：

```
import socket
flag = 1
s = socket.socket()
s.connect(('127.0.0.1',8000))
while flag:
    input_msg = input('input>>>')
    if input_msg == '0':
        break
    s.sendall(input_msg.encode())
    msg = s.recv(1024)
    print(msg.decode())
s.close()
```

开启 127.0.0.1：8000 服务器，运行 client.py，结果如图 5-8 所示。

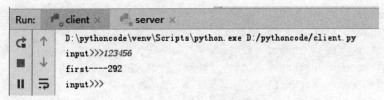

图 5-8　客户端运行结果

运行 server.py，服务器端监听客户端请求，接收到信息后，仍一直处于监听状态，结果如图 5-9
所示。

```
D:\pythoncode\venv\Scripts\python.exe D:/pythoncode/server.py
counts is 1
rl=[<socket.socket fd=288, family=AddressFamily.AF_INET, type=SocketKind.SOCK_STREAM, proto=0, laddr=('127.0.0.1', 8000)>]
rl's length is 1
counts is 2
rl=[]
rl's length is 0
```

图 5-9　服务器端运行结果

温馨提示

Windows 下 select 只支持 socket 对象，不支持文件描述符（file descriptions），而 Linux 两者都支持。

5.4.4　使用 asyncore 和 asyncio 模块

asyncio 是 Python 3.4 版本引入的标准库，直接内置了对异步 IO 的支持，Python 3.6 版本以后
直接取代了 asyncore 模块，接下来分别对这两个模块进行讲解。

1. asyncore 模块

asyncore 模块提供了异步 Socket 服务客户端和服务器的基础架构，适用于聊天类的服务器端和
协议的实现。

模块中重要的类是 dispatcher，dispatcher 是一个对 Socket 对象的轻量级封装，用于处理网络交
互事件。用户继承 asyncore.dispatcher 类，每一个继承 dispatcher 类的对象都可以看作需要处理的一
个 Socket，它们可以是 TCP 连接或者 UDP 连接，也可以是一些不常用的连接，然后我们重写一些
方法即可。示例代码如下：

```
class refuse(dispatcher):
  def handle_accept():
    ... ...... ...
    pass
```

asyncore 的基本思路是创建一个或多个网络通道，即 asyncore.dispatche 的实例，然后添加到全
局映射。如果用户没有创建自己的 asyncore 映射，可以直接使用 loop() 函数。loop() 能激活所有通
道服务，一直执行到最后一个通道便关闭。在 Python 的标准文档中，有一个 asyncore 的例子。

```
import asyncore
class HTTPClient(asyncore.dispatcher):
    def __init__(self, host, path):
        asyncore.dispatcher.__init__(self)
        self.create_socket()
        self.connect( (host, 80) )
        self.buffer = bytes('GET %s HTTP/1.0\r\nHost: %s\r\n\r\n' %
                                (path, host), 'ascii')
    def handle_connect(self):
        pass
    def handle_close(self):
        self.close()
    def handle_read(self):
        print(self.recv(8192))
    def writable(self):
        return (len(self.buffer) > 0)
    def handle_write(self):
        sent = self.send(self.buffer)
        self.buffer = self.buffer[sent:]
client = HTTPClient('www.python.org', '/')
asyncore.loop()
```

上述代码运行的结果为"下载 www.python.org 首页"。

2. asyncio 模块

asyncio 模块的编程模式就是一个消息循环。用户从 asyncio 模块中直接获取一个 EventLoop 的引用，然后把需要执行的线程放到 EventLoop 中执行，就实现了异步 IO。

下面是一个简单的示例代码。

```
import asyncio
# 把一个 generator 标记为 coroutine 类型，把这个 coroutine 放到 EventLoop 中执行
@asyncio.coroutine
def wget(host):
    print('wget %s...' % host)
    connect = asyncio.open_connection(host, 80)
    #yield from 语法可以方便地调用另一个 generator(connect)
    reader, writer = yield from connect
    header = 'GET / HTTP/1.0\r\nHost: %s\r\n\r\n' % host
    writer.write(header.encode('utf-8'))
    yield from writer.drain()
    while True:
        line = yield from reader.readline()
        if line == b'\r\n':
            break
        print('%s header > %s' % (host, line.decode('utf-8').rstrip()))
```

```
    # Ignore the body, close the socket
    writer.close()
loop = asyncio.get_event_loop()
# 多个 coroutine 封装成一组 Task 然后并发执行
tasks = [wget(host) for host in ['www.sina.com.cn', 'www.sohu.com', 'www.163.com']]
loop.run_until_complete(asyncio.wait(tasks))
loop.close()
```

上述代码运行的结果如图 5-10 所示。

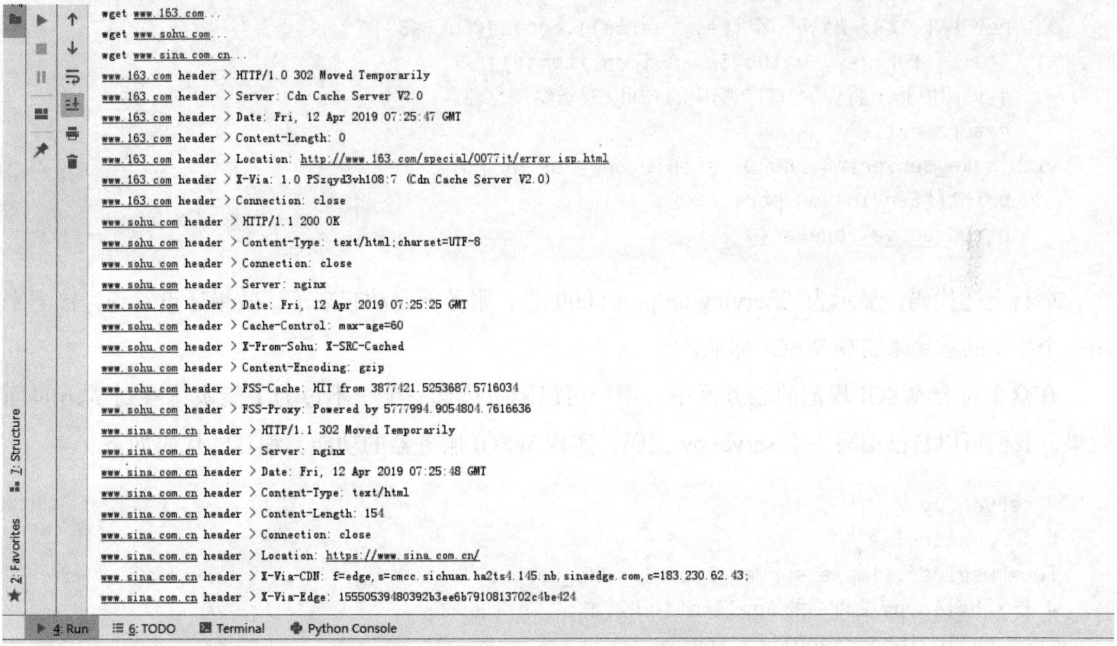

图 5-10　使用 asyncio 模块

asyncio 提供了完善的异步 IO 支持，操作需要在 coroutine 中通过 yield from 完成。多个 coroutine 可以封装成一组 Task，然后并发执行。

温馨提示

Python 3.6 版本以后 asyncore 被 asyncio 替代。

5.4.5　WSGI 协议

WSGI（Web Server Gateway Interface）即 Web 服务器网关接口，通过 WSGI 用 Python 编写的 HTTP 服务能够与任何 Web 服务器进行交互。现在，WSGI 已经成为使用 Python 进行 HTTP 操作的标准方法。Python 标准库提供了独立的 WSGI 服务器——wsgiref。

先来看一个 Python 标准库提供的示例代码：

```
from wsgiref.util import setup_testing_defaults
from wsgiref.simple_server import make_server
#environ：一个包含所有 HTTP 请求信息的 dict 对象；
#start_response：一个发送 HTTP 响应的函数
def simple_app(environ, start_response):
    setup_testing_defaults(environ)
    status = '200 OK'
    headers = [('Content-type', 'text/plain; charset=utf-8')]
    # 发送了 HTTP 响应的 status 和 Header
    start_response(status, headers)
    ret = [("%s: %s\n" % (key, value)).encode("utf-8")
            for key, value in environ.items()]
    # 返回值 ret 将作为 HTTP 响应的 Body 发送给浏览器
    return ret
with make_server('', 8000, simple_app) as httpd:
    print("Serving on port 8000...")
    httpd.serve_forever()
```

运行上述代码，显示为"Serving on port 8000..."，服务器启动起来了，效果还没看到，接下来用一个简单的示例来实现 WSGI 标准。

在众多符合 WSGI 规范的服务器中，用户可以随机挑选一个，不过为了能快速看到 Web 页面效果，我们可以自己编写一个 server.py 代码，实现 WSGI 服务器的功能。编写的代码如下：

```
# server.py
# 导入 wsgiref 模块
from wsgiref.simple_server import make_server
# 导入 hello.py 文件中的 application 函数：
from hello import application
# 创建一个服务器，IP 地址为空，端口号是 8000，处理函数是 application：
httpd = make_server('', 8000, application)
print('Serving HTTP on port 8000...')
# 开始监听 HTTP 请求：
httpd.serve_forever()
```

在相同的文件夹下面编写 hello.py 代码，代码如下：

```
#environ：一个包含所有 HTTP 请求信息的 dict 对象；
#start_response：一个发送 HTTP 响应的函数
def application(environ, start_response):
    start_response('200 OK', [('Content-Type', 'text/html')])
                                        # 发送了 HTTP 响应的 status 和 Header
    return [b'<h1>Hello, world!</h1>']  # 返回值将作为 HTTP 响应的 Body 发送给浏览器
```

运行 server.py 开启服务，显示为"Serving on port 8000..."，然后在浏览器中的地址栏输入"http://localhost:8000/"，显示效果如图 5-11 所示。

图 5-11　网页显示效果

从上面的例子可以看出，hello.py 文件中的 application() 函数本身没有涉及任何解析 HTTP 的部分，要实现响应请求，application() 函数必须由 WSGI 服务器来调用。

5.5 服务器框架

服务器框架首先要考虑的是服务器部署，以前的网络服务器常常部署到单台机器上，客户端只要连接服务器的 IP 地址就可以实现通信。不过如果这台服务器宕机了，就没办法实现网络通信了。所以现在更多的服务器部署是通过多台机器实现的，这种部署方式一般在服务器前配置负载均衡器，客户端发起请求时，首先连接负载均衡器，然后将请求转发到实际的服务器，这时只需 DNS 服务器返回运行这个服务器的所有 IP 地址即可，如果客户端无法连接到第一个地址，便连接第二个地址，以此类推，直到连接成功为止。

网络服务器主要分为 3 类。

（1）简单的单线程服务器（比如 UDP 服务器和 TCP 服务器），即同一时刻只能为一个客户端服务，其他客户端只能等待。

（2）使用多个线程或者进程，每个线程或者进程内都运行一个单线程服务器。

（3）异步服务器，利用服务端向客户端发送响应后等待下一次响应的时间。

5.5.1 单线程服务器

单线程服务器就是只允许同一时刻一个客户端和服务器进行连接，而其他的客户端就不能和服务器建立连接，会被阻塞。由此可见，单线程服务器最大的缺点就是阻塞。

单线程服务器服务端示例代码如下：

```
import socket
HOST='127.0.0.1'
PORT=9999
sockaddr=(HOST,PORT)
sk=socket.socket()
sk.bind(sockaddr)
```

```
sk.listen(5)
while True:
    conn,address=sk.accept()
    while True:
        try:
            ret_bytes=conn.recv(1024)
        except Exception as ex:
            print("已从 ",address," 断开 ")
            break
        else:
            conn.sendall(ret_bytes+bytes(', 已收到 !',encoding='utf-8'))
            print(ret_bytes)
sk.close()
```

编写一个访问服务器的客户端，示例代码如下：

```
import socket
HOST='127.0.0.1'
PORT=9999

sockaddr=(HOST,PORT)
ct=socket.socket()
ct.connect(sockaddr)
while True:
    inp=input(" 请输入要发送的内容：")
    ct.sendall(bytes(inp,encoding='utf-8'))
    ret_bytes=ct.recv(1024)
    print(str(ret_bytes,encoding='utf-8'))
ct.close()
```

运行服务器端代码，服务器等待客户端发送请求，运行客户端，输入请求数据，运行效果如图 5-12 所示。

图 5-12　客户端运行效果

客户端每发送一个请求，服务器端都会有所响应，运行效果如图 5-13 所示。

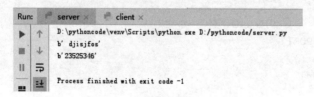

图 5-13　服务器端接收数据

　　用户在客户端输入数据"djisjfos"后按【Enter】键，在服务器端就会收到请求，解析后显示出数据"djisjfos"。如果服务器不停止，客户端不断输入数据，服务器端则不断接收并解析数据；如果客户端不发送数据，服务器则处于空置状态。因此，单线程服务器会造成资源的浪费。

5.5.2　多线程与多进程

　　相对于单线程服务器，多线程服务器要复杂一些。服务器进程首先要绑定一个端口来监听其他客户端的连接，如果某个客户端连接过来了，服务器就与该客户端建立连接，随后通信。由于服务器会有大量来自客户端的连接，所以，服务器要能够区分一个 Socket 连接是和哪个客户端绑定的，一般根据服务器地址、服务器端口、客户端地址、客户端端口来确定。同时服务器还需要同时响应多个客户端的请求，所以每个连接都需要一个新的进程或者新的线程来处理，否则服务器一次就只能服务一个客户端。

　　服务器示例代码如下：

```python
import socket
import threading
import time

def tcplink(sock, addr):
    print('Accept new connection from %s:%s...' % addr)
    sock.send(b'Welcome!')
    while True:
        data = sock.recv(1024)
        time.sleep(1)
        if not data or data.decode('utf-8') == 'exit':
            break
        sock.send(('Hello, %s!' % data.decode('utf-8')).encode('utf-8'))
    sock.close()
    print('Connection from %s:%s closed.' % addr)


# 建立一个 socket
s = socket.socket(socket.AF_INET, socket.SOCK_STREAM)
# 监听 9999 端口
s.bind(('127.0.0.1', 9999))
# 紧接着，调用 listen() 方法开始监听端口，传入的参数指定等待连接的最大数量
s.listen(5)
print('Waiting for connection...')
while True:
    # 接受一个新连接：返回的 sock 用来通信，addr 是客户机的地址
    sock, addr = s.accept()
    # 创建新线程来处理 TCP 连接：
    t = threading.Thread(target=tcplink, args=(sock, addr))
    t.start()
```

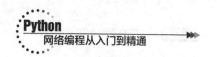

客户端示例代码如下：

```python
import socket
s = socket.socket(socket.AF_INET, socket.SOCK_STREAM)
# 建立连接：
s.connect(('127.0.0.1', 9999))
# 接收欢迎消息：
print(s.recv(1024).decode('utf-8'))
for data in [b'Michael', b'Tracy', b'Sarah']:
    # 发送数据：
    s.send(data)
    print(s.recv(1024).decode('utf-8'))
s.send(b'exit')
s.close()
```

启动服务器端，运行多个客户端代码，每个客户端运行的效果如图 5-14 所示，服务器端显示效果如图 5-15 所示。

```
Welcome!
Hello, Michael!
Hello, Tracy!
Hello, Sarah!
```

图 5-14　多线程客户端运行效果

```
Waiting for connection...
Accept new connection from 127.0.0.1:55203...
Accept new connection from 127.0.0.1:55212...
Accept new connection from 127.0.0.1:55235...
Connection from 127.0.0.1:55235 closed.
Connection from 127.0.0.1:55235 closed.
Connection from 127.0.0.1:55235 closed.
```

图 5-15　多线程服务器端运行效果

由于多线程服务器对每一个连接都创建一个线程，所以开销依然过大。不过与单线程的服务器相比，它完全解决了阻塞的问题。

5.5.3　异步服务器

异步服务器可以实现从服务器向客户端发送响应，到接收客户端的下一个请求的时间间隙仍让 CPU 处于工作状态。采用这种方法，只要客户端做好了通信的准备，服务器就可以向该客户端发送响应。

异步服务器的优点：使用自己的数据结构来维护每个客户端会话的状态，而不依赖操作系统在客户端活动改变时进行上下文切换。

异步服务器的缺点：所有操作都在单个线程中完成，即使多核机器，也只会使用一个核。在实施时可以先检查机器核数，根据核数启动事件循环进程。在每个 CPU 上，使用异步（回调或者协程）方案。操作系统负责将新建立的连接分配给某个服务器进程。

示例代码可以参见 5.4 节异步通信方式的内容。

➤ 新手问答

❶ 如何将 HTTP 服务部署到网络中？

答：部署过程如下。

（1）运行一个使用 Python 编写的服务器，服务器代码可以直接调用 WSGI 接口。

（2）配置 mod_wsgi 并运行 Apache，在一个独立的 WSGIDaemonProcess 中运行 Python 代码，由 mod_wsgi 守护进程。

（3）在后端运行一个类似 Gunicorn 的 Python HTTP 服务器。

（4）在最前端运行一个纯粹的反向代理，在该反向代理后端运行 Apache 或 nginx；在最后端运行 Python 编写的 HTTP 服务器。

❷ HTTP 与 HTTPS 有什么区别？

答：HTTP 是互联网上应用最为广泛的一种网络协议，是一个客户端和服务器端请求和应答的标准（TCP），用于从 WWW 服务器传输超文本到本地浏览器的传输协议，它可以使浏览器更加高效，使网络传输减少。

HTTPS 是以安全为目标的 HTTP 通道，简单讲是 HTTP 的安全版，即 HTTP 下加入 SSL 层，HTTPS 的安全基础是 SSL，因此加密的详细内容就需要 SSL。

HTTPS 和 HTTP 的区别主要如下。

（1）HTTPS 协议需要到 CA 申请证书，一般免费证书较少，因而需要一定费用。

（2）HTTP 是超文本传输协议，信息是明文传输，HTTPS 则是具有安全性的 SSL 加密传输协议。

（3）HTTP 和 HTTPS 使用的是完全不同的连接方式，用的端口也不一样，前者是 80，后者是 443。

（4）HTTP 的连接很简单，是无状态的；HTTPS 协议是由 SSL+HTTP 协议构建的可进行加密传输、身份认证的网络协议，比 HTTP 协议安全。

➤ 牛刀小试

【案例任务】

使用 select 模块实现异步通信模式，分别完成服务器和客户端代码，服务器端运行效果如图 5-16 所示，客户端实现效果如图 5-17 所示。

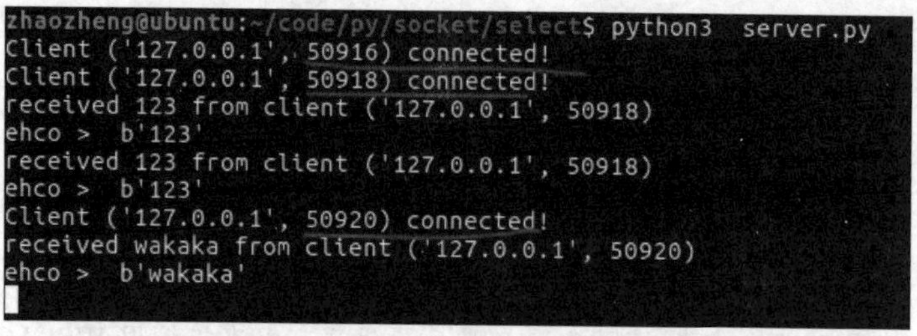

图 5-16　select 模块实现服务器端

图 5-17　select 模块实现客户端

【技术解析】

本案例主要使用了异步通信的知识，思路如下。

1. 实现服务器端：循环监听连接请求。

2. 实现客户端：发送请求，建立连接发送内容。

【编程实现】

代码实现及分析（server5-1.py）如下：

```python
import socket
import threading
import time

def tcplink(sock, addr):
    print('Accept new connection from %s:%s...' % addr)
    sock.send(b'Welcome!')
    while True:
        data = sock.recv(1024)
        time.sleep(1)
        if not data or data.decode('utf-8') == 'exit':
            break
        sock.send(('Hello, %s!' % data.decode('utf-8')).encode('utf-8'))
    sock.close()
    print('Connection from %s:%s closed.' % addr)

# 建立一个 socket
s = socket.socket(socket.AF_INET, socket.SOCK_STREAM)
# 监听 9999 端口
s.bind(('127.0.0.1', 9999))
# 紧接着，调用 listen() 方法开始监听端口，传入的参数指定等待连接的最大数量
```

```
s.listen(5)
print('Waiting for connection...')
while True:
    # 接收一个新连接：返回的 sock 用来通信，addr 是客户机的地址
    sock, addr = s.accept()
    # 创建新线程来处理 TCP 连接：
    t = threading.Thread(target=tcplink, args=(sock, addr))
    t.start()
```

代码实现及分析（client5-1.py）：

```
import socket
HOST='127.0.0.1'
PORT=9998
sockaddr=(HOST,PORT)
ct=socket.socket()
ct.connect(sockaddr)
while True:
    inp=input(" 请输入要发送的内容：")
    ct.sendall(bytes(inp,encoding='utf-8'))
    ret_bytes=ct.recv(1024)
    print(str(ret_bytes,encoding='utf-8'))
ct.close()
```

➤ 本章小结

　　本章介绍了 HTTP 服务器与客户端编程。Python 有一个内置的 http.server 模块，从命令行启动该服务时，即创建了服务器服务。在 Python 中，标准的同步 HTTP 通常会用到 WSGI 标准，服务器负责解析收到的请求，接着生成一个保存所有信息的字典，应用程序从字典中获取信息，然后获取 HTTP 头及响应体。Python 服务器框架有单线程服务器、多线程或多进程和异步服务器三类，能实现单一通信及多客户端请求通信问题。为了实现一个完整的网络编程框架，可以使用 Socket 从底层开始编写 Python 服务器，后续章节我们将继续介绍网络编程中的 Socket 编程。

第 6 章
Socket 网络编程

本章导读

浏览网页、QQ 聊天、视频通话等，在人们日常生活中是不可或缺的，它们都是以网络通信为前提。那么如何实现这些信息的传输？本章将介绍网络编程几乎都会使用的 Socket 编程，它是常用的网络编程技术，基于 TCP/IP 流行协议，在面向对象的编程理念里，其实就是计算机提供了一些接口，要求协议一一对应，形成 Socket 标准，然后封装，供开发者使用。

知识要点

● 网络模型的含义

● TCP/UDP

● Socket 编程

● Twisted 网络框架

6.1 网络模型介绍

　　网络模型的最初发明者是查尔斯·巴赫曼（Charles Bachman），1969 年由数据系统语言会议（CODASYL）联盟发布为标准规范，1971 年第二次出版后，成为大多数网络模型实施的基础。

　　网络模型一般是指 OSI 七层参考模型和 TCP/IP 四层参考模型，这两个模型在网络中应用最为广泛。

6.1.1 OSI 和 TCP/IP 模型

　　OSI（Open System Interconnection）参考模型是国际标准化组织（ISO）制定的一个用于计算机、通信系统间互联的标准体系。它有七层结构，每一层都有具体的协议，OSI 模型如图 6-1 所示。

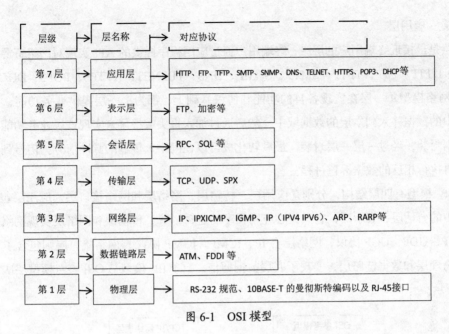

图 6-1 OSI 模型

第 1 层：物理层

物理层负责在计算机和网络介质之间建立、维护、断开物理连接，它将信息编码成电流脉冲或其他信号用于网络传输。

协议：RS-232 规范、10BASE-T 的曼彻斯特编码以及 RJ-45 接口。

第 2 层：数据链路层

数据链路层有建立逻辑连接、进行硬件地址寻址、差错校验等功能。

协议：ATM、FDDI 等。

第 3 层：网络层

网络层实现逻辑地址寻址，定义端到端的包传输以及如何将一个包分解成更小包的分段方法。

协议：IP、IPXICMP、IGMP、IP（IPV4 IPV6）、ARP、RARP 等。

第 4 层：传输层

传输层向高层提供可靠的端到端的网络数据流服务，定义传输数据的协议端口号，进行流控和差错校验，数据包一旦离开网卡即进入网络传输层。

协议：TCP、UDP、SPX。

第 5 层：会话层

会话层负责本地主机与远程主机会话的建立、管理和终止，在四层模型里面已经合并到了应用层。

协议：RPC、SQL 等。

第 6 层：表示层

表示层实现数据的表示、安全、压缩，在四层模型里面已经合并到了应用层。

协议：FTP、加密等。

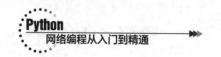

第 7 层：应用层

应用层是最接近终端用户的层级，终端用户通过应用程序提供的 API 实现对网络资源的访问。

协议：HTTP、FTP、TFTP、SMTP、SNMP、DNS、TELNET、HTTPS、POP3、DHCP 等。

OSI 网络模型每一层在实现各自的功能和协议基础上，都为上一层提供业务功能，即下一层将上一层中的数据并入到本层的数据域中，然后通过加入报头或报尾来实现该层业务功能。这个过程叫作数据封装，经过一层一层封装，最后转化成可以在网络上传输的脉冲信号，信号到达目标计算机后，再执行相反的数据拆包过程。

TCP/IP 模型有四层结构，分别是应用层、传输层、网络层和网络接口层。应用层包含了 OSI 参考模型中的会话层、表示层，它只关心应用程序的逻辑细节；传输层和网络层实现网络通信，传输层有 TCP、UDP、UGP 协议，网络层有 IP、ICMP、IGMP 协议；网络接口层则包含了 OSI 参考模型中的物理层和数据链路层，实现了底层数据通信。TCP/IP 模型与 OSI 参考模型层次结构对比如图 6-2 所示。

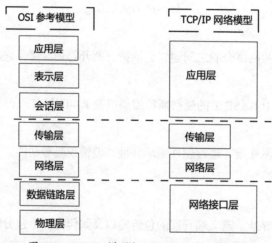

图 6-2 TCP/IP 模型与 OSI 层次对比结构图

OSI 模型有 7 层，TCP/IP 模型有 4 层，因此除了功能相同的网络层和传输层，两者的其他层并不相同。OSI 参考模型在网络层支持无连接和面向连接的两种服务，而在传输层仅支持面向连接的服务；TCP/IP 模型在网络层仅支持无连接服务，在传输层支持面向连接和无连接两种服务。

不管哪种模型，每一层结构都能完成各自的功能。用户在应用层选择传输文件，然后层层封装，带上每一层的标志，数据封装成帧后传输到传输介质中，到达目标地址后再层层解包，最后到达目标用户处显示。

6.1.2 网络会话原理

计算机装上操作系统就可以使用，但是一台台独立的计算机之间要建立连接、实现通信则需要网络来完成。

物理层发送电信号，1 代表高电平，0 代表低电平，单纯的 1 或 0 没有任何意义，需要数据链路层将 1 或 0 按一定的分组方式组合。现在分组方式统一标准是以太网（Ethernet）协议，Ethernet 规定一组电信号构成一个数据包叫帧，每个帧分成报头 head 和数据 data 两部分，其中 head 包含源地址和目标地址。Ethernet 规定接入 Internet 的设备必须有网卡，每个网卡都有一个唯一的 MAC 地址，源地址和目标地址就是 MAC 地址，主机可以通过 ARP 协议来获得另一台主机的 MAC 地址。最初通信的方式是全网广播，所有电脑都能收到源主机发送的信息，如果电脑收到的地址与自己的地址相同就响应，不是就丢弃，这其实大大降低了工作效率，因为网络由很多子网组成，这时网络层的 IP 协议就开始工作。我们把网络地址的协议叫 IP 协议，它定义的地址称为 IP 地址，IP 地址包括网络部分和主机部分，IP 地址的作业就是为计算机分配 IP 地址以及确定哪些 IP 地址在同一个网络中。物理层 MAC 地址找到主机，网络层 IP 协议区分子网，传输层就可以建立端口到端口的通信，TCP 协议实现可靠传输，UDP 协议实现不可靠传输。最后用户就可以在应用层开发及传递数据了，如图 6-3 所示。

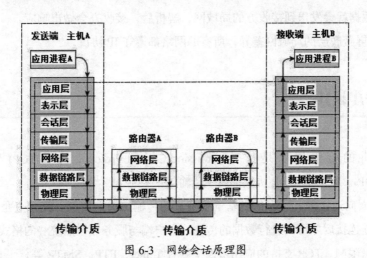

图 6-3　网络会话原理图

6.1.3　封装与解包

网络中信息的传递是一个编码和解码的过程，在发送端组织好编码，即数据的封装，在接收端组织好解码，即数据的解包。

数据在不同的协议层封装包的叫法是不同的，链路层叫帧，传输层叫段，网络层叫数据报。每个协议层都要加上一个数据首部，首部信息包含了上层协议、载荷和长度。

数据到达链路层后会发送到传输介质中，到达接收端的主机后每层协议再去掉首部，并根据首部的"上层协议字段"将数据交给对应的上层协议进行处理。

封装的过程就是一层一层加入本层协议包，解包的过程与封装过程相反，从传输介质接收到数据后一层一层解包，解包时明确上一层协议，最后到达接收端。

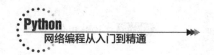

数据封装过程如图 6-4 所示。

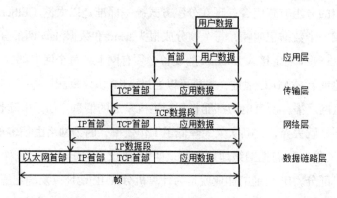

图 6-4　数据封装过程

现实中，网络数据传递并没有这么简单，数据传递常常是在不同的网络中进行，这就需要用到路由器。路由器也是一个主机，经过它解包后得到目标主机 IP 地址，然后加上目标局域网的报头信息再次封装，数据就会发送到接收方的局域网，解析后，接收方会做出响应。

IP 协议可以屏蔽底层的局域网差异，所有的网络都遵守 IP 协议。

6.2　TCP/UDP

我们通常讲的传输协议是指 Transmission Control Protocol(简称 TCP) 与 User Datagram Protocol(简称 UDP)。TCP 和 UDP 协议都属于传输层。

TCP 是一种面向连接的、可靠的、基于字节流的传输层通信协议。其特点是面向连接的通信协议，只有在建立连接后才可以进行数据的传输，客户端与服务器按照统一的格式传输数据，并对传输数据进行流量限制。TCP 支持的应用协议主要有 Telnet、FTP、SMTP 等。

UDP 是一种面向非连接的传输层通信协议。其特点是无连接通信协议，对传输数据没有可靠性保证、顺序保证和流量控制，但传输过程中延迟少、效率高,适合对可靠性要求不高的传输服务。UDP 支持的应用层协议主要有 NFS（网络文件系统）、SNMP（简单网络管理协议）、DNS（主域名称系统）、TFTP（通用文件传输协议）等。

6.2.1　IP 地址与路由

在互联网的联网设备中，每台设备都会分配一个唯一的 IP 地址，其长度为 32 位，分为 4 段，每段的范围在 0~255 之间，每段 8 位，以"点分十进制"表示，比如"192.168.1.6"。其中有一个特殊 IP：127.0.0.1 指用户本地网址。

IP 地址是指互联网协议地址 (Internet Protocol Address)，它为计算机网络相互连接进行通信而设计，计算机只要遵守 IP 协议就可以实现与因特网互连互通。IP 地址是 IP 协议提供的一种统一的地址格式，它为互联网上的每一个网络和每一台主机分配一个逻辑地址，以此来屏蔽物理地址的差异。

常见的 IP 地址分为 IPv4 与 IPv6 两大类，IPv4 是使用最广泛的网际协议版本，IPv6 是其后继版本。

IP 地址编址方案将 IP 地址空间划分为 A、B、C、D、E 五类，其中 A、B、C 是基本类，D、E 类作为多播和保留使用。A、B、C 三类 IP 地址的范围及主机数如表 6-1 所示。

表 6-1　IP 地址分类

类别	最大网络数	IP 地址范围	单个网段最大主机数	私有 IP 地址范围
A	126（ 2^7-2)	1.0.0.1-127.255.255.254	16777214	10.0.0.0-10.255.255.255
B	16384(2^14)	128.0.0.0-191.255.255.255	65534	172.16.0.0-172.31.255.255
C	2097152(2^21)	192.0.0.0-223.255.255.255	254	192.168.0.0-192.168.255.255

在一个局域网中，网络号和广播地址相比其他 IP 地址更特殊。网络号是用于三层寻址的地址，它代表了整个网络本身；广播地址代表了网络全部的主机。

网络号是网段中的第一个地址，广播地址是网段中的最后一个地址，这两个地址是不能配置在计算机主机上的。例如在 "192.168.0.0" 这样的网段中，网络号是 "192.168.0.0"，广播地址是 "192.168.0.255"，可以配置的主机地址范围则为 "192.168.0.1—192.168.0.254"。

查看和设置本机 IP 地址分为以下几个步骤。

步骤01：单击【开始】→【运行】，在【打开(O)】后的文本框内输入 "cmd"，单击【确定】按钮。

步骤 02：在【管理员】窗口中输入 "ipconfig" 后按【Enter】键，可以查询本机的 IP 地址以及子网掩码、网关、物理地址（MAC 地址）、DNS 等详细情况，如图 6-5 所示。

图 6-5　查看本机 IP 地址

设置本机的 IP 地址分为以下几个步骤。

步骤 01：在桌面右击【网络】，选择【属性】，打开【网络和共享中心】窗口，如图 6-6 所示。

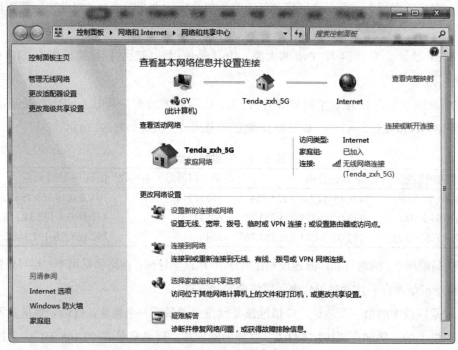

图 6-6　网络和共享中心

步骤 02：单击【更改适配器设置】，打开【网络连接】窗口，右击【本地连接】，选择【属性】，弹出【本地连接 3 属性】对话框，如图 6-7 所示。

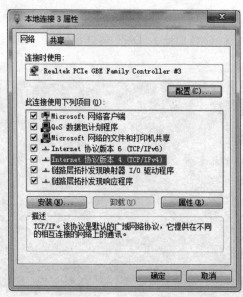

图 6-7　本地连接 3 属性

步骤 03：选中【Internet 协议版本 4（TCP/IPv4）】复选框，单击【属性】按钮，弹出【Internet 协议版本 4（TCP/IPv4）属性】对话框，如图 6-8 所示。

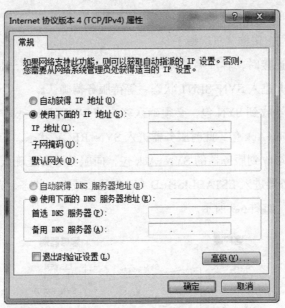

图 6-8　Internet 协议版本 4（TCP/IPv4）属性

步骤 04：分别选中【使用下面的 IP 地址（S）：】和【使用下面的 DNS 服务器地址（E）：】单选按钮，输入 IP 地址、子网掩码、默认网关和 DNS 服务器地址，单击【确定】按钮，即可完成本机的 IP 设置。

路由工作在 OSI 参考模型的网络层，它通过转发数据包来实现网络互连，支持多种协议，如 TCP/IP、IPX/SPX、AppleTalk 等协议。路由器根据收到数据包中的网络层地址以及路由器内部维护的路由表决定输出端口以及下一级地址，并且重写链路层数据包头实现转发数据包。路由工作包含确定最佳路径和通过网络传输信息两部分。

路由器利用网络寻址功能使路由器能够在网络中确定一条最佳的路径。IP 地址的网络部分确定分组的目标网络，通过 IP 地址的主机部分和设备的 MAC 地址确定到目标节点的连接。路由器能够连接不同类型的局域网和广域网，如以太网、ATM 网、FDDI 网、令牌环网等。所谓的"互联网"，其实就是各种路由器将不同的网络类型互相连接起来。

路由器的设置不管是有线还是无线，都要先登录路由 IP 地址，比如在地址栏输入"192.168.1.1"，然后使用正确的用户名和密码登录，最后在打开的网页进行路由安全性、连接方式等设置。

6.2.2　TCP 工作原理

TCP 协议是传输层协议，它为通信端提供可靠的连接，也就是端到端的可靠性协议，这个可靠性是指数据可靠投递或故障可靠通知。

使用 TCP 协议进行一次正常的传输要经过三个阶段：建立 TCP 连接通道、传输数据、断开 TCP 连接通道。

1. 建立 TCP 连接通道

TCP 建立连接的过程，俗称"三次握手"。

第一次握手：建立连接时，客户端发送 SYN(Synchronize Sequence Numbers，同步序列编号)包（seq=x）到服务器，并进入 SYN_SENT 状态，等待服务器确认。

第二次握手：服务器收到 SYN 包，必须确认客户的 SYN（Ack=x+1），同时自己也发送一个 SYN 包（seq=y），即 SYN+Ack 包，此时服务器进入 SYN_RECV 状态。

第三次握手：客户端收到服务器的 SYN+Ack 包，向服务器发送确认包 Ack(Ack=y+1)，此包发送完毕，客户端和服务器进入 ESTABLISHED（TCP 连接成功）状态，完成三次握手。

TCP 的"三次握手"如图 6-9 所示。

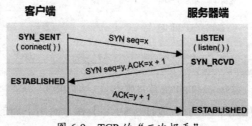

图 6-9　TCP 的"三次握手"

2. 传输数据

建立好 TCP 连接后就可以开始全双工模式的数据传输过程。200byte 的数据包传输工程如图 6-10 所示。

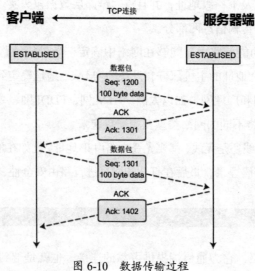

图 6-10　数据传输过程

客户端将 200byte 的数据分为 2 个数据包发送给服务器端。

客户端先发送数据包 1（100byte），并将 Seq 设置为 1200，服务器为了确认数据会向客户端发送 Ack，并将 Ack 设置为 1301。Ack 的值计算公式如下：

Ack 号 ＝ Seq 号 ＋ 传递的字节数 ＋1

根据公式即可求出本例中的 Ack 值为 1301=（1200+100+1）。

客户端再发送数据包 2（100byte），带上服务器端返回的 Seq 值 1301，服务器端确认后返回客户端 Ack 的值变为 1402=(1301+100+1)。

最终一个 200byte 的数据包发送完成。

这样的传输过程是一个理想的过程，在传输过程中会遇到很多种异常情况，如超时、拥塞、出错等，TCP 针对这些情况也提供了一些处理机制。

(1) 超时重传：客户端发送了数据包后会等待一段时间，如果没有收到确认的 Ack，就会认为数据包丢失，然后重传这个数据包。

(2) 出差错重传：服务器对收到的数据进行校验，如果未通过则不会做任何操作，客户端就不会收到确认的 Ack，等待一段时间，再重传这个数据包。

(3) 拥塞控制：试想这样一个场景，某一时刻网络延迟突然增加，导致服务器收不到确认信息，TCP 就不断重传数据，这使网络负担更重，如果所有的 TCP 连接都这样做，便会进入恶性循环，因此 TCP 引入了拥塞控制策略，拥塞策略算法主要包括慢启动、拥塞避免、拥塞发生、快速恢复。

3. 断开 TCP 连接通道

数据传输完成后要断开连接，TCP 断开连接的方式是通过"四次握手"的方式来实现的，如图 6-11 所示。

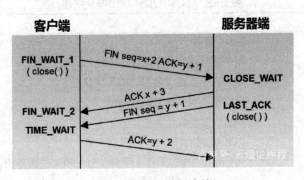

图 6-11　TCP 断开连接

第一次握手：客户端发送一个 FIN（seq=x+2，Ack=y+1）用来关闭数据传送，如果没有收到对应的 Ack 确认报文，客户端仍然会重发这些数据。

第二次握手：服务器端收到 FIN 包后，返回 Ack（收到序号 +1 即 x+3），与 SYN 相同，一个 FIN 占用一个序号。

第三次握手：服务器端发送一个 FIN，用来关闭数据传送，也就是告诉客户端，数据发送完成。

第四次握手：客户端收到 FIN 后，发送一个 Ack（收到序号 +1，即 y+2）给服务器端。

至此，完成"四次握手"，结束传输过程。

6.2.3 UDP 端口号

UDP（User Datagram Protocol）是 OSI 参考模型中一种无连接的传输层协议，提供面向事务的简单不可靠信息传送服务，它与 TCP 协议一样都是处理数据包。UDP 提供了无连接通信，不保证数据包传输可靠性，但数据包在传输中延迟小、传输效率高，比较适合如 DNS、TFTP、SNMP 等应用程序。

UDP 协议使用端口号为不同的应用保留其各自的数据传输通道，如 DNS 端口号为 53，TFTP 端口号为 69，SNMP 端口号为 161。UDP 报头使用两个字节存放端口号，端口号的有效范围是从 0 到 65535。UDP 报头格式如表 6-2 所示。

表 6-2　UDP 报文格式

16 位源端口号	16 位目标端口号
16 位数据报长度	16 位校验值
数据（如果有）	

每个应用程序在发送数据报之前必须与操作系统协商以获得协议端口和相应的端口号，UDP 端口号指定有由管理机构指定端口和动态绑定两种方式。部分 TCP/UDP 端口号及描述如表 6-3 所示，详细的 TCP/UDP 端口号及应用可见附录 2——常用端口号速查表。

表 6-3　TCP/UDP 端口号及描述

端口号	名称	注释
7	echo	Echo 服务
9	discard	用于连接测试的空服务
11	systat	用于列举连接了的端口的系统状态
13	daytime	给请求主机发送日期和时间
18	msp	消息发送协议
20	ftp-data	FTP 数据端口
21	ftp	文件传输协议（FTP）端口，有时被文件服务协议（FSP）使用
22	ssh	安全 Shell（SSH）服务
23	telnet	Telnet 服务
25	smtp	简单邮件传输协议（SMTP）

在 Windows 操作系统中，可以通过命令 netstat 查看应用程序的端口号，分为以下几个步骤。

步骤 01：单击【开始】→【运行】，在【打开 (O)】后的文本框内输入"cmd"，单击【确定】按钮。

步骤 02：在命令行窗口中，输入 "netstat -n" 后按【Enter】键，系统会以数字格式显示地址和端口信息，如图 6-12 所示。

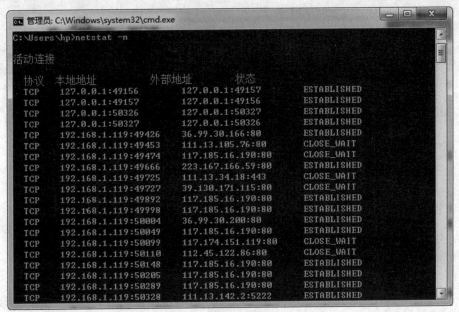

图 6-12　查看应用程序端口号

6.2.4　UDP 套接字

主机的 IP 地址加上主机上的端口号作为连接的端点即套接字，用（IP 地址：端口号）表示。

UDP 套接字与 TCP 套接字有 3 个不同点。

（1）在使用前不需要进行连接。

（2）UDP 套接字保留边界信息。

（3）UDP 套接字将尽可能地传送信息，但并不保证信息一定能成功到达目的地址，而且信息到达的顺序与其发送顺序不一定一致。

Python 使用 UDP 套接字进行通信的示例代码如下。

服务器端代码：

```
import socket          # 导入 socket
s = socket.socket(socket.AF_INET, socket.SOCK_DGRAM)
                      # 导入套接字模块，其中 socket.AF_INET 表示 IPV4，socket.DGRAM 表示 UDP
s.bind(('', 25555))   # 绑定套接字有效地址和端口，'' 空表示任何地址，127.0.0.1 表示本机，
也可填入局域网中真实 Ip 地址
print('[+] Server Open......')
while True:
    try:
```

```
        data, c_addr = s.recvfrom(1024) #UDP 不需要构成连接，直接接收 1024bytes 的数据
        print('from:', c_addr)  # c_addr 是一个地址，发送消息的客户端的 IP 和端口的二元组
        print('say: %s' % (data.decode('utf-8')))
        msg = data.decode('utf-8')
        s.sendto(msg.encode('utf-8'), c_addr)         # 发送信息，其中有两个参数，一
                                                        个是信息，一个是目标地址和端口

    except KeyboardInterrupt:
        break
print('[+] Server Close......')
s.close
```

客户端代码如下：

```
import socket  # 导入 socket
c = socket.socket(socket.AF_INET,socket.SOCK_DGRAM)    # 导入套接字模
while True:
    try:
        msg = input('>>>')
        if msg == 0:   # 判断输入是否为空，或是直接按下回车键
            continue
            c.sendto(msg.encode('utf-8'),('127.0.0.1',25555))#UDP 不需要构成连接，直
接发送即可
            data,s_addr = c.recvfrom(1024)#c_addr 是一个地址，发送消息的客户端的 IP 和端口
的二元组
            print('$: %s'%(data.decode('utf-8')))
    except KeyboardInterrupt:
        break
c.close()
```

启动服务器和客户端，上述代码运行的结果如图 6-13 所示。

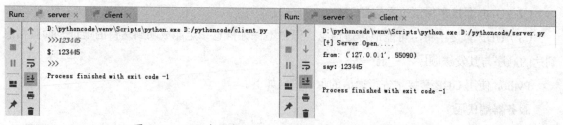

图 6-13　UDP 套接字编程实例服务器端及客户端运行结果

在客户端提示符【>>>】后输入数据"123445"，然后按【Enter】键，服务器端接收到数据，打印"say：123445"。由此可以看出，UDP 不需要建立连接，直接传输数据，在数据量小、传输质量要求不高的情况下比较适用。

温馨提示

socket.STREAM 表示 TCP, socket.DGRAM 表示 UDP。

6.3 Socket 编程

网络上的两个程序通过一个双向的通信连接实现数据的交换，连接的一端称为一个 Socket。Socket 的本质是编程接口（API）。对 TCP/IP 封装需要提供可供程序员做网络开发所用的接口，就是 Socket 编程接口。

Socket 起源于 UNIX，它是一种特殊的文件，一般的 file 模块是针对某个指定文件进行打开、读写、关闭，Socket 则是针对服务器端和客户端 Socket 进行打开、读写、关闭操作。

6.3.1 Socket 基础知识

Socket 通常也称"套接字"，由 IP 地址和端口组成，是一个通信链的句柄，应用程序通过"套接字"向网络发出请求或者应答网络请求。例如，在浏览器地址栏中输入"http://www.baidu.com/ "时，会打开一个套接字，然后连接到"http://www.baidu.com/"并读取响应的页面然后显示出来。Socket "套接字"由远景研究规划局（Advanced Research Projects Agency，ARPA）资助加里福尼亚大学伯克利分校的一个研究组研发，设计者开发了一个接口，这个接口不断完善，最终形成了 Socket "套接字"，Socket 接口被广泛使用，现在已经成为标准接口。

每一个 Socket 都有一个本地唯一的 Socket 号，由操作系统分配。"套接字"有 3 种类型：流式套接字（SOCK_STREAM）、数据报套接字（SOCK_DGRAM）和原始套接字。流式套接字提供可靠的、面向连接的通信流，如同 TCP 协议。数据报套接字定义了一种无连接的服务，数据通过相互独立的报文进行传输，是无序的，并且不保证可靠性。数据报套接字使用用户数据报协议 UDP，数据只是简单地传送到对方。原始套接字允许对低层协议如 IP 或 ICMP 直接访问，功能强大，但是没有流式套接字和数据报套接字使用方便，一般的程序不涉及原始套接字。

6.3.2 Socket 的工作方式

两个应用程序使用 Socket 进行"网络"交互数据，Socket 负责建立连接和传递数据，一个完整的 Socket 通信流程大致如图 6-14 所示。

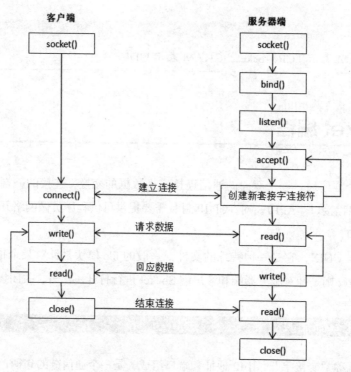

图 6-14　Socket 通信流程

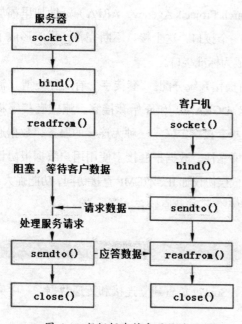

图 6-15 数据报套接字通信流程

这是一个可靠的面向连接的流式套接字通信过程，使用 TCP 协议。服务器端先初始化 Socket，然后与端口绑定 (bind)，对端口进行监听 (listen)，调用 accept 阻塞，等待客户端连接。客户端初始化 Socket，连接服务器 (connect)，如果连接成功，客户端与服务器端的连接就建立了。客户端发送数据请求，服务器端接收请求并处理请求，然后把回应数据发送给客户端，客户端读取数据，数据传输结束，客户端关闭连接，并通知服务器端，服务器端读取到客户端关闭连接后也关闭响应，最终完成一次交互。

数据报套接字通信流程如图 6-15 所示。

数据报套接字是一种无连接的不可靠的通信过程，数据通过相互独立的报文进行传输，是无序的，使用 UDP 协议，数据只是简单地传送到对方。

6.3.3　文件下载实例

文件下载是网络通信中很常见的应用，下面使用 Socket 实现文件下载的功能。

服务器端代码 server：

```python
import socket, os, time
server = socket.socket()
server.bind(("localhost", 8080))
server.listen()
while True:
    conn, addr = server.accept()
    print("连接到客户端:", addr)
    while True:
        try:                                          # windows 会直接报错，需要捕获异常
            data = conn.recv(1024)
            if not data:
                print("客户端已断开")
                break
        except Exception as e:
            print("客户端已经断开")
            break
        cmd, filename = data.decode().split()    # ex: get name.txt
        if os.path.isfile(filename):
            f = open(filename, "rb")
            # 获取文件的字节大小
            size = os.stat(filename).st_size
            conn.send(str(size).encode())         # 发送文件大小
            conn.recv(1024)
            for line in f:                        # 客户端确认后发送文件内容
                conn.send(line)
            f.close()
            print("文件下载完成")
        conn.send("not file".encode())
server.close()
```

客户端代码 client：

```python
import socket
client = socket.socket()
client.connect(("localhost", 8080))
while True:
    cmd = input(">>:").strip()
    if len(cmd) == 0: continue
    if cmd.startswith("get"):
        client.send(cmd.encode())                 # 发送请求
```

```
            server_response = client.recv(1024)
            if server_response.decode().startswith("not"):
                print(" 请输入有效文件名 ")
                continue
            client.send(b"ready to recv file")           # 发送确认
            file_size = int(server_response.decode())      # 获取文件大小
            rece_size = 0
            filename = cmd.split()[1]
            f = open(filename + ".new", "wb")
            while rece_size < file_size:
                if file_size - rece_size > 1024:           # 要收不止一次
                    size = 1024
                else:                                      # 最后一次了，剩多少收多少，防止
                                                           # 之后发送数据粘包

                    size = file_size - rece_size
                    print("last receive:", size)
                recv_data = client.recv(size)
                rece_size += len(recv_data)                # 累加接收数据大小
                f.write(recv_data)                         # 写入文件，即下载
            else:
                print(" 文件下载完成 ")
                f.close()
    client.close()
```

上述代码运行的结果如图 6-16 所示。

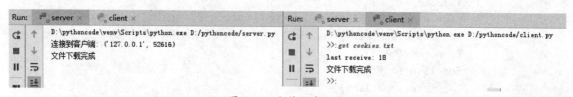

图 6-16　文件下载结果

启动 server 和 client 服务，在 client 中输入要下载的文件"get cookies.txt"，这里"cookies.txt"文件就是要下载的文件，由于它处于当前文件夹中，所以直接输入文件名即可，如果在其他目录中，"get"后则需加上完整的路径名。

6.3.4 获取服务器 CPU 使用情况实例

编程中常常需要了解应用程序对计算机的影响，如 CPU 占用情况，内存使用情况等。Python 编程中，利用 psutil 模块来获取 Windows 系统的信息，如硬盘分区、使用情况、内存大小、CPU 型号、当前运行的进程、自启动程序及位置、系统版本等。

psutil 是一个跨平台库，需要先安装才能使用，下面是使用 psutil 得到系统 CPU 使用情况的示

例代码：

```python
import psutil
# 使用 CPU_times 方法获取 CPU 的完整信息
print(psutil.cpu_times())
# 获取 CPU 逻辑和物理个数，默认 logical 值为 True
print(psutil.cpu_count())
print(psutil.cpu_count(logical=False))
# 获取 CPU 的使用率
print(psutil.cpu_percent())
```

上述代码运行的结果如图 6-17 所示。

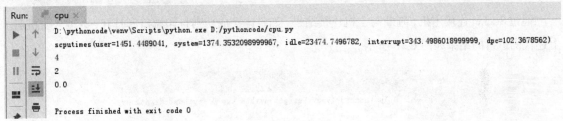

图 6-17　CPU 使用情况

利用 psutil 模块还可以获取系统硬盘、内存等相关信息，psutil 模块的常用方法如表 6-4 所示。

表 6-4　psutil 模块常用方法及描述

名称	描述	使用
cpu_times()	获取 CPU 的完整信息	psutil.cpu_times()
	获取单个数据，如用户的 CPU 或 io 等待时间	psutil.cpu_times().user psutil.cpu_times().iowait
cpu_count()	获取 CPU 逻辑个数	psutil.cpu_count()
	获取 CPU 物理个数，默认 logical 值为 True	psutil.cpu_count(logical=False)
cpu_percent()	获取 CPU 的使用率	psutil.cpu_percent()
virtual_memory()	获取内存信息	mem=psutil.virtual_memory()
	总内存	mem.total
	使用内存	mem.used
	空余内存	mem.free
disk_partitions() disk_usage()	磁盘分区信息	psutil.disk_partitions() psutil.disk_usage()
disk_io_counters()	获取硬盘总的 io 数和读写信息	psutil.disk_io_counters()
net_io_counters()	获取网络总的 io 情况	psutil.net_io_counters()
boot_time()	获取开机时间	psutil.boot_time()
pids()	查看系统全部进程	psutil.pids()

6.3.5 探测主机端口开启实例

使用 Socket 能探测主机端口是否开启，实现代码如下：

```
import socket
sock = socket.socket(socket.AF_INET, socket.SOCK_STREAM)
result = sock.connect_ex(('127.0.0.1', 8080))
if 0 == result:
    print("Port is open" )
print(" 主机名: "+socket.gethostname())
else:
    print("Port is not open, return code: %s" % result)
```

通过 Socket 连接主机，判断与主机连接结果，如果连接成功则打印端口已打开，并输入主机名。
上述代码运行的结果如图 6-18 所示。

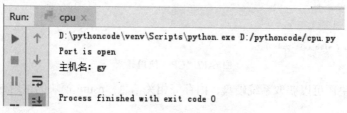

图 6-18　主机端口连接结果

图中显示端口已打开，主机名为"gy"。

6.4　Twisted 网络框架

Twisted 是用 Python 实现的基于事件驱动的网络引擎框架，事件驱动编程是一种编程范式，它
的特点是包含一个事件循环，当外部事件发生时使用回调机制来触发相应的处理。Twisted 框架可
以完成大部分的网络应用任务，它具有很好的网络性能，提供异步通信机制。本节将介绍如何用
Twisted 网络框架构建网络服务器和客户端。

6.4.1 认识 Twisted 框架

Twisted 诞生于 2000 年初，可以和 ACE 网络框架比肩，适合编写服务器端的应用程序。
Twisted 支持许多常见的传输及应用层协议，包括 TCP、UDP、SSL/TLS、HTTP、IMAP、SSH、
IRC 以及 FTP。Twisted 对于其支持的所有协议都带有客户端和服务器实现，同时附带有基于命令
行的工具，使得配置和部署产品级的 Twisted 应用变得非常方便。

Twisted 的安装需要 Microsoft visual C++ 的支持，如果计算机中没有安装 Microsoft visual C++ 插件，PyCharm 中安装 Twisted 就会报错，报错信息如图 6-19 所示。

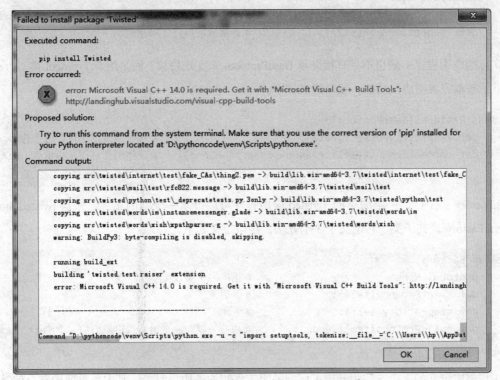

图 6-19　缺少 Microsoft visual C++ 报错信息

在 CMD 中通过 pip install Twisted 安装也会报错，报错信息如图 6-20 所示。

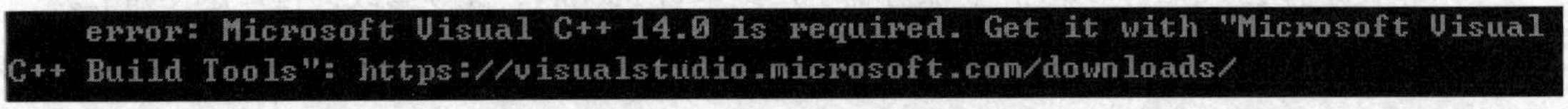

```
error: Microsoft Visual C++ 14.0 is required. Get it with "Microsoft Visual
C++ Build Tools": https://visualstudio.microsoft.com/downloads/
```

图 6-20　pip 安装 Twisted 报错信息

因此使用前，先安装 Microsoft visual C++，然后安装 Twisted，当提示语 "package 'Twisted' installed successfully" 出现时，即安装成功。安装成功后可以使用 "import" 命令导入 Twisted 框架，然后使用它。

Twisted 中的客户端和服务器是用 Python 开发的，采用了一致性的接口，因此开发新的客户端和服务器很容易实现，可以在客户端和服务器之间共享代码，在协议之间共享应用逻辑，以及对某个实现的代码做测试。

Twisted 网络框架的基础模块包括 Protocol、Factory 和 Reactor。

1.Protocol：协议，一个典型的 Twisted 应用程序至少建立一个协议，可以从 twisted.internet. protocol.BaseProtocol 类或其子类继承。协议还需要实现数据的接收处理，即收到数据之后需要做出相应的响应。不同的协议子类提供了不同的数据接收方法，BaseProtocol 的接口如下。

```
class BaseProtocol:
    connected=0                        #是否已经连接了
    transport=None                     #用于数据发送的传输对象
    def makeConnection(self,transport): #建立连接的方法，不是事件方法，一般不要重载
    def connectionMade(self):          #连接成功事件，可重载
```

实际的应用程序一般也不是直接继承 BaseProtocol 来实现协议，而是继承 Protocol 类。Protocol
类提供了基本完善的协议功能，接口定义如下。

```
class Protocol(BaseProtocol):
    def dataReceived(self,data):                        #接收到数据事件，可重载
    def connectionLost(self,reason=connectionDone):      #连接断开事件，可重载，reason
                                                          区分断开类型
```

2.Factory：工厂，一个简单的 Twisted 应用程序可以继承一个空的工厂，来自 twisted.internet.
protocol.Factory 或其子类，它定义了 3 个方法，接口定义如下。

```
class Factory:
    protocol=None                      #指向一个协议类
    def startFactory(self):            #开启工厂
    def stopFactory(self):             #关闭工厂
    def buildProtocol(self,addr):      #构造协议对象，给协议对象添加一个 factory 属性
                                        指向工厂，可以重载
```

工厂类中定义的 3 个方法为开启工厂、关闭工厂和构造协议对象，其中最重要的部分就是构造
协议对象方法中添加 protocol 属性，指向协议类。

工厂分服务器工厂和客户端工厂，服务器工厂继承自 Factory，无须修改，接口定义如下。

```
class ServerFactory(Factory):
```

客户端工厂相对服务器工厂内容较多，接口定义如下。

```
class ClientFactory(Factory):
    def startedConnecting(self,connector):              #连接建立成功时
    def clientConnectionFailed(self,connector,reason):  #客户端连接失败
    def clientConnectionLost(self,connector,reason):    #连接断开
```

客户端工厂的 3 个方法都传递了一个 Connector 对象，这个对象的方法如下。

```
connector.stopConnection()         #关闭会话
connector.connect()                #一般在连接失败时用于重新连接
```

3.Reactor：反应器，启动事件循环，根据连接方向的不同，可以选择用 Reactor 的 connectXXX()
或 listenXXX() 方法，然后执行 reactor.run() 启动事件循环。

6.4.2　Twisted 框架下服务器端的实现

下面使用 Twisted 框架改写 6.3.3 文件下载实例中服务器端的代码例 server。

```
from twisted.internet import protocol, reactor          #twisted.internet 导入
                                                         protocol 和 reactor
from twisted.internet.protocol import Protocol,Factory#twisted.internet.protocol 导
                                                         入 Factory
class SimpleServer(Protocol):                            # 定义 SimpleServer 类，继承
                                                         Protocol 类
    def connectionMade(self):
        print("Get connection from",self.transport.client)
                                                         # 打印信息，获取连接客户端信息
    def connectionLost(self, reason):
        print(self.transport.client,"disconnected")     # 断开连接
    def dataReceived(self, data):
        print(data)
factory = Factory()
factory.protocol = SimpleServer
port = 8080
reactor.listenTCP(port,factory)                         # 调用 listenTCP 方法，监听端口
                                                         和工厂对象
reactor.run()                                            # 使用 run 方法循环
```

运行上述代码和 6.3.3 文件下载实例中客户端代码，在客户端输入"123456"，服务器端显示结果如图 6-21 所示。

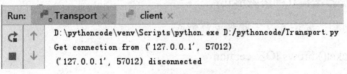

图 6-21　Twisted 框架服务器端

代码中的 Transport 用来收发数据，服务器端与客户端的数据收发与处理都是基于这个模块。该模块负责描述连接是面向流式还是面向数据报。TCP、UDP 和 UNIX 套接字可作为 Transports 的例子。Transport 包含的方法如表 6-5 所示。

表 6-5　Transport 方法描述

方法名	描述	使用
write	以非阻塞的方式按顺序依次将数据写到物理连接上	self.transport.write(data)
loseConnection	将所有挂起的数据写入，然后关闭连接	self.transport.loseConnection()
getPeer	取得连接中对端的地址信息	self.transport.getPeer()
getHost	取得连接中本端的地址信息	self.transport.getHost()

6.4.3　Twisted 框架下服务器端的其他处理

Twisted 框架的扩展能力很强，实际工作中，服务器一般收到换行符再处理数据，但由于缓冲区设置的原因，服务器收到的数据可能是一个一个的字符，因此 Twisted 做了一些预设置，其中 LineReceiver 可实现这种需求，具体实现由 dataReceived 接口完成。LineReceiver 常见函数如下。

```
class LineReceiver(protocol.Protocol,_PauseableMixin):
    def clearLineBuffer(self):          #清空缓冲区
    def dataReceived(self,data):        #继承父类的方法，用于分发事件，不要重载
    def setLineMode(self,extra=""):     #设置工作状态为行模式
    def lineReceived(self,line):        #行数据接收事件，可重载
    def sendLine(self,line):            #以行模式发送数据
    def lineLengthExceeded(self,line):  #当接收到的一行长度超过了最大值时的错误响应，并
                                         断开连接
```

由此可见，LineReceiver 类提供的功能已经相当完善，可以手动设置工作状态并提供完善的事件响应方法。例如将 6.4.2 中服务器示例的 def dataReceived(self,data) 换成 def lineReceived(self,line) 也可以实现图 6-21 所示的结果。

➤ 新手问答

①① Socket 的构造方法有几种重载形式?

答：ServerSocket 的构造方法有以下几种重载形式。

（1）ServerSocket()throws IOException

（2）ServerSocket(int port) throws IOException

（3）ServerSocket(int port, int backlog) throws IOException

（4）ServerSocket(int port, int backlog, InetAddress bindAddr) throws IOException

参数 port 指定服务器要绑定的端口（服务器要监听的端口），参数 backlog 指定客户连接请求队列的长度，参数 bindAddr 指定服务器要绑定的 IP 地址。

②② Protocols 描述如何以异步的方式处理网络中的事件，实现 IProtocol 接口，它包含哪些方法?

答：Protocols 实现 IProtocol 接口方法如表 6-6 所示。

表 6-6　IProtocol 接口方法

方法名	描述
makeConnection	在 Transport 对象和服务器之间建立一条连接
connectionMade	连接建立起来后调用
dataReceived	接收数据时调用
connectionLost	关闭连接时调用

➜ 牛刀小试

【案例任务】

Twisted 框架编写客户端，实现使用 Echo 协议并且打印当前的连接状态。

【技术解析】

本案例主要使用的知识点是 Twisted 框架，思路如下。

1. 定义 Echo 类及 Echo 客户端类；

2. 定义开始连接、建立连接、断开连接、连接失败 4 个方法；

3. 与本章中 server 代码联调验证客户端编写的正确性。

【编程实现】

代码实现及分析（example6-1.py）如下：

```python
from twisted.internet.protocol import Protocol, ClientFactory
from sys import stdout
class Echo(Protocol):                                    # 定义 Echo 类
    def dataReceived(self, data):                        # 分发事件
        stdout.write(data)                               # 标准流输出 data
class EchoClientFactory(ClientFactory):                  # 定义 Echo 客户端类
    def startedConnecting(self, connector):              # 开始连接
        print('Started to connect.')
    def buildProtocol(self, addr):                       # 建立连接
        print( 'Connected.')
        return Echo()
    def clientConnectionLost(self, connector, reason):   # 断开连接
        print('Lost connection. Reason:', reason)
    def clientConnectionFailed(self, connector, reason): # 连接失败
        print('Connection failed. Reason:', reason)
```

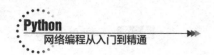

➤ 本章小结

　　本章介绍了流行的 ISO 和 TCP/IP 网络模型，并着重讲解了 TCP 和 UDP 通讯；熟悉了 Socket 的概念、作用及工作方式；完成了文件下载、获取服务器 CPU 使用情况、探测主机端口等示例，在此基础上实现了服务器端和客户端的通信；最后详细讲解了 Python 中使用比较多的 Twisted 框架及使用 Twisted 框架实现服务器端的方法。这些内容都是编程中的基础部分，读者需要熟练掌握。

第 7 章
主流 Web 开发框架 Django 的应用

▍本章导读

Web 开发已经成为非常重要的领域，Python 提供了多种 Web 开发框架，如 Django、Pylons、Tornado、Bottle 和 Flask 等，其中 Django 因易用和功能平衡而得到广泛应用。通过本章内容的学习，读者能掌握常见 Web 开发框架及 Django 框架的安装和应用。

▍知识要点

- Python 常见 Web 开发框架
- Django 基础
- Django 开发环境搭建
- Django 应用

7.1 常见的 Web 开发框架介绍

Python 常见的 Web 框架有 Django、Diesel、Flask、Zope、Kartograph、Pulsar、Web2py、Falcon、Dpark、Buildbot、Zerorpc、Bottle、Tornado、webpy、Scrapy，这 15 种是目前比较受欢迎的 Web 框架。

Django: Python Web 应用开发框架。

Diesel : 基于 Greenlet 的事件 I/O 框架。

Flask : 一个用 Python 编写的轻量级 Web 应用框架。

Zope : 开源的 Web 应用服务器，轻量级 J2EE 框架。

Kartograph : 创造矢量地图的轻量级 Python 框架。

Pulsar : Python 的事件驱动并发框架。

Web2py：全栈式 Web 框架。

Falcon：构建云 API 和网络应用后端的高性能 Python 框架。

Dpark：Python 版的 Spark。

Buildbot：基于 Python 的持续集成测试框架。

Zerorpc：基于 ZeroMQ 的高性能分布式 RPC 框架。

Bottle：微型 Python Web 框架。

Tornado：异步非阻塞 IO 的 Python Web 框架。

webpy：轻量级的 Python Web 框架。

Scrapy：Python 的爬虫框架。

本节将重点介绍 Flask、Diesel、Zope 三个框架。

7.1.1 Flask 框架

Flask 是一个使用 Python 编写的轻量级 Web 应用框架，基于 Werkzeug WSGI 工具箱和 Jinja2 模板引擎。Flask 也被称为微框架（microframework），因为它使用简单的核心，用 extension 增加 其他功能。Flask 没有默认使用的数据库、窗体验证工具，它保留了扩增的弹性，可以用 Flask-extension 加入 ORM、窗体验证工具、文件上传、各种开放式身份验证技术等功能。使用 Flask 框 架前需要先进行安装，可使用 pip install flask 命令安装 Flask。下面是一个使用 Flask 的简单示例。

```
from flask import Flask
app=Flask(__name__)                        #创建1个Flask实例
@app.route('/')                            #路由系统生成 视图对应 url,decorator=app.
                                           route() 2.decorator(first_flask)
def first_flask():                         # 视图函数
    return 'Hello World'                   #response
if __name__ == '__main__':
    app.run(host="127.0.0.1",port=8080)    #启动 socket
```

运行上述代码，打开 Web 浏览器，输入 "http://127.0.0.1:5000/"，页面显示 "Hello World"，运行的结果如图 7-1 所示。

图 7-1　Flask 简单案例

如果想要网络中的其他计算机访问这个网页，只需把"127.0.0.1"改为本机 IP 地址（网络中本机 IP 地址）即可。在以上的代码中我们使用 route() 装饰器把一个函数绑定到 URL，route 装饰器中的'/'表示根目录，如果改成 route('/test')，那么打开网页的地址就要变成"http://127.0.0.1：8080/test"，这就是 Flask 的另一个重要概念——路由。计算机缺省状态下，一个路由只回应 GET 请求，但是可以通过 methods 参数使用不同方法，例如 @app.route('/<user>', methods=['POST']）。

7.1.2　Diesel 框架

Diesel 是基于 Greenlet 的事件 I/O 框架，它提供一个整洁的 API 来编写网络客户端和服务器，支持 TCP 和 UDP。Python 中的 Diesel 语法非常整洁、快速并且容易扩展。Diesel 使用前需要安装，示例代码如下：

```python
from diesel.web import DieselFlask
from diesel.util.queue import Fanout
from diesel import first
app = DieselFlask(__name__)
posts = deque([], 5)
router = Fanout()
def clean_msg(msg):
    return {
        'type': 'message',
        'data': {'nick':
                    cgi.escape(msg['data']['nick'].strip()),
                'message':
                    cgi.escape(msg['data']['message'].strip())}
    }
@app.route('/feed/ws')
@app.websocket
def handle_ws(addr, inq, outq):
    for msg in posts:
        outq.put(msg)
with router.sub() as group:
    while True:
        ev, val = first(waits=[inq, group])
if ev == group:
    outq.put(val)
else:
    msg = clean_msg(val)
posts.append(msg)
router.pub(msg)
```

7.1.3 Zope 框架

Zope 是一个开放源代码的 Web 应用服务器，可运行在多种系统平台上，Zope 目前有 Zope2 和 Zope3 两个版本，Zope3 是一个 Python 版本的轻量级 J2EE 框架。Zope 由美国 Zope 公司 (http://zope.com) 推出，现在已经转交给 Zope 基金会管理。中国的 Zope 技术社区是 CZUG（http://czug.org）。

相较于其他 Web 应用服务器，Zope 可以更好、更快地创建 Web 应用程序，这源于它的以下特性。

（1）Zope 是开源、免费的。

（2）Zope 是一套完整的平台，包含了开发应用程序所需的全部组件，不需要授权，安装容易，使用简单。

（3）Zope 支持第三方开发者打包分发应用程序，现在已拥有很多产品组件，且大多数组件是开放源代码的，它拥有一大批社区开发者。

（4）Zope 可通过 Zope 企业对象（ZEO）扩展，通过 ZEO，可以在多台计算机中不改代码的情况下直接部署 Zope 应用程序。

（5）Zope 允许开发者只使用浏览器如 Internet Explorer、Mozilla、Netscape、OmniWeb、Konqueror 以及 Opera 等就能创建 Web 应用程序。Zope 还可以通过使用统一的 Web 界面让其他的开发者同时安全地进行开发。

（6）Zope 提供多种和可扩展的安全框架，可以轻松结合多种权限认证系统，如通过内置的模块可以同时支持 LDAP、Windows NT、and RADIUS。

（7）Zope 可以让开发团队高效、协同开发，使用 Undo、Versions、History 以及其他工具来帮助人们一起工作，并且可以从错误中修正过来。

（8）Zope 内置面向对象数据库，Zope 创建的对象、文件、图片等都可保存在这个数据库中。

Zope.org 站点中已经有了 500 多种可用于应用程序的产品，包括 Weblog、内容管理以及电子商务程序等。Zope 不是一种可视化的设计工具，不能替代 Macromedia Dreamweaver、Adobe GoLive 这类的界面设计软件，但可以使用这些软件来管理基于 Zope 的 Web 站点。

7.1.4 其他 Web 开发框架

Python 有名的 Web 框架除了上面介绍的 3 种外还有很多其他的框架。

（1）最有名的当属 Django 框架，它走大而全的方向。最出名的是其全自动化的管理后台非常出色，只需使用 ORM 做简单的对象定义，它就能自动生成数据库结构以及全功能的管理后台。Django 内置的 ORM 跟框架内的其他模块耦合程度高，应用程序必须使用 Django 内置的 ORM，否则就不能享受到框架内提供的种种基于其 ORM 的便利。关于 Django 框架，将在下一节重点讲解。

（2）Cubes 是一个轻量级 Python 框架，包含 OLAP、多维数据分析和浏览聚合数据（aggregated

data）等工具，Cubes 的主要特性之一是它的逻辑模型，能抽象物理数据并提供给终端用户层。

（3）Kartograph 是一个 Python 库，用来为 ESRI 生成 SVG 地图。

（4）Pulsar 是一个事件驱动的并发框架。有了 Pulsar，用户可以写出在不同进程或线程中运行一个或多个活动的异步服务器。Pulsar 还附带了 Socket 服务器、WSGI 服务器、JSON-RPC、Web Sockets、任务队列、Shell、测试包和 Django 集成。

开发框架众多，开发者可根据自己的需要来选择框架。如果只是想快速开发 Web 应用，可以选择轻量级的框架，如 web.py、karrigell；如果网络应用所需的功能偏强，可以使用 Zope，因为它提供了 Web 开发所需的大部分功能组件，能满足 Web 应用中的大部分需求，但这种重量级的网络框架难于掌握，需要投入大量的时间；在轻量级和重量级网络框架之间取得平衡的是 TurboGears 和 Django 框架，TurboGears 使用组合模块来构建网络应用，Django 框架使用集成模块来构建网络运用，它们都有比较丰富的功能组件。

不管选择哪一种 Web 框架，前提条件是要合适，所以开发者在进行框架选择时一定要符合项目实际需求。

7.2　Django 应用基础

Django 是一个开放源代码的 Web 应用框架，由 Python 写成。它最初是用于管理劳伦斯出版集团旗下的一些以新闻内容为主的网站，即 CMS（内容管理系统）软件，于 2005 年 7 月在 BSD 许可证下发布。这套框架是以比利时的吉普赛爵士吉他手 Django Reinhardt 来命名的。

7.2.1　Django 简介

Django 是一个由 Python 编写的开源的重量级 Web 应用框架，它的版本号与 Python 版本号对应关系如表 7-1 所示。

表 7-1　Django 版本与 Python 版本

Django 版本	Python 版本
1.8	2.7，3.2，3.3，3.4，3.5
1.9，1.10	2.7，3.4，3.5
1.11	2.7，3.4，3.5，3.6
2.0	3.4，3.5，3.6
2.1，2.2	3.5，3.6，3.7

Django 的核心组件多用于创建模型的对象关系映射、为最终用户设计的完美管理界面、设计一流的 URL 、设计者友好的模板语言，以及缓存系统。

使用 Django 框架前先要了解它的工作机制，其工作流程如图 7-2 所示。

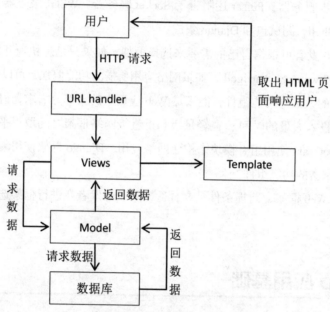

图 7-2　Django 框架的工作流程

用户首先发出 HTTP 请求给 URL handler，URL handler 接收到用户请求后服务器解析 URL，然后调用 Views 中的逻辑，如果不涉及数据库，直接从 Template 取出 HTML 页面响应用户；如果涉及数据库，Views 则要调用 Model 方法从数据库取出数据后，再通过 Template 响应用户请求。

7.2.2　Django 开发环境搭建

使用 Django 框架需要搭建 Django 开发环境，先下载 Django 软件包并安装，然后设置数据库环境。

1. Django 框架安装及新建 Django 项目

步骤 01：双击打开桌面快捷方式"JetBrains PyCharm"。

步骤 02：进入 PyCharm 主界面，单击 File-NewProject，弹出 New Project 窗口，选中 Django，如图 7-3 所示。

步骤 03：单击【Create】按钮，成功创建【Django】项目。

步骤 04：启动【Django】项目，如图 7-4 所示。

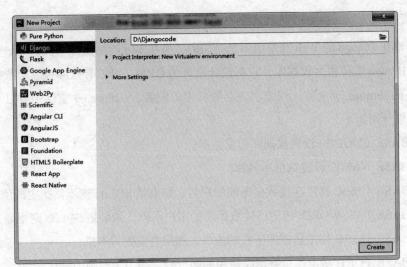

图 7-3 新建 Django 项目

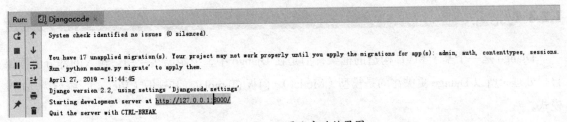

图 7-4 Django 项目启动效果图

步骤 05：在浏览器地址栏中输入"http://127.0.0.1:8000/"，显示结果如图 7-5 所示。

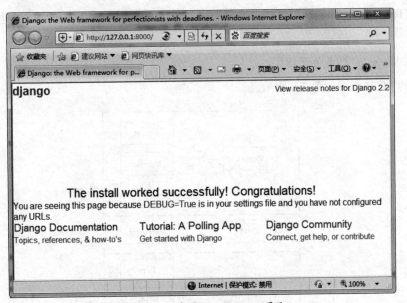

图 7-5 浏览器显示 Django 项目

至此 Django 项目启动成功。

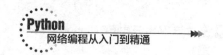

2. 数据库配置

虽然数据库在 Django 的 Web 开发中不是必需的，但在实际网站设计中，大部分数据还是保存在数据库中。Django 支持很多数据库，它有设计良好的 ORM，可以有效屏蔽底层数据库的不同。Django 项目下的 settings.py 文件，用来实现对数据库的配置，settings.py 文件中有以下 6 个参数，它们代表的意思分别如下。

(1)DATABASE_ENGINE: 设置数据库引擎类型。

(2)DATABASE_NAME: 设置数据库名称。

(3)DATABASE_USER: 指定连接数据库的用户名，如果是 SQLite 则不需指定此值。

(4)DATABASE_PASSWORD: 指定连接数据库的用户密码，如果是 SQLite 则不需指定此值。

(5)DATABASE_HOST: 指定数据库所在的主机，如果为空则为本机。

(6)DATABASE_PORT: 指定连接数据库使用的端口号，如果为空则为默认端口。

7.2.3 Django 框架的 MTV

Django 是一个基于 MVC 构造的框架，但是在 Django 中，控制器接受用户输入的部分由框架自行处理，所以 Django 更关注的是模型（Model）、模板 (Template) 和视图（Views），统称为 MTV 模式。

1. 模型（Model），即数据存取层。该层处理与数据相关的所有事务：如何存取、如何验证有效性、包含哪些行为以及数据之间的关系等。

2. 模板 (Template)，即表现层该层。处理与表现相关的决定：如何在页面或其他类型文档中进行显示。

3. 视图（Views），即业务逻辑层。

Django 的 MTV 框架如图 7-6 所示。

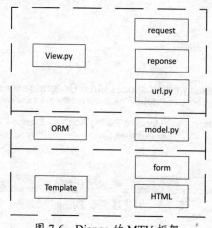

图 7-6　Django 的 MTV 框架

在 View 层次上，Django 框架实现了良好的 URL 设计。当收到一组 URL 请求后，Django 将使用一组预定义好的 URL 模式匹配到合适的处理器，每个 URL 都会有一个特定视图函数，通过视图函数可以将页面响应返回到浏览器。

Django 使用 "model.Model，django.db" 模块实现需要访问的数据库模型，定义了数据库中的各种对象属性，可以使用一些方法调用数据库。Django 提供了丰富的访问数据对象接口，可同步到后台数据库，Django 提供的 ORM 可以帮助开发者从视图和模板中访问数据库中的数据。

Template 模板提供了强大的解析功能，通过页面函数来处理页面响应，有了它开发者只需要关注展示的数据，而页面设计者只需关注输出网页的构成。

7.3　Django 框架的操作使用

学习 Django 框架的应用，首先要了解 Django 项目的目录结构。新建一个 Django 项目，如图 7-7 所示。左侧是在 PyCharm 中的文档结构图，右侧是项目的文件目录。

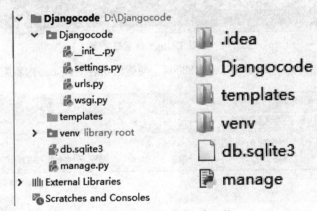

图 7-7　Django 目录结构

目录结构里的各文件含义如下。

Djangcode：项目名，后面的 "D:/Djangcode" 是 Django 项目存放路径。

manage.py: 命令行工具，可以使用它与该 Django 项目进行交互。

Djangcode/__init__.py: 一个空文件，告诉 Python 该目录是一个 Python 包。

Djangcode/settings.py: 该 Django 项目的设置 / 配置。

Djangcode/urls.py: 该 Django 项目的 URL 声明；一份由 Django 驱动的网站 "目录"。

Djangcode/wsgi.py: 一个 WSGI 兼容的 Web 服务器的入口，以便运行项目。

7.3.1 Django 中的开发服务器

Django 框架内置了一个轻量级的 Web 应用服务器，这个内置的服务器在代码修改时会自动加载，在形成 Web 产品前不需要修改，可实现网站的快速开发。

启动 Django 内置服务器的步骤如下。

步骤 01：打开 C:\Windows\System32\cmd.exe，进入 Djang 项目所在目录，比如 D:\Djangocode，则输入命令"cd D:\Djangocode"

步骤 02：在命令行输入"manage.py runserver"，启动 Django 内置服务器，如图 7-8 所示。

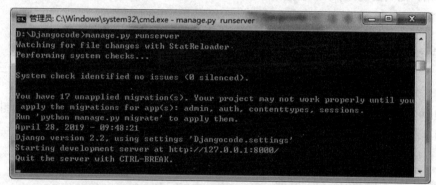

图 7-8　启动 Django 内置服务器

步骤03：在浏览器中输入"http://127.0.0.1：8000/"，便能成功启动Django内置服务器，如图7-9所示。

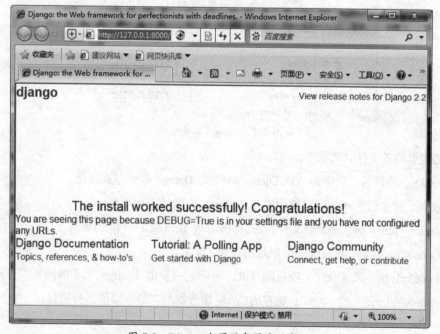

图 7-9　Django 内置服务器启动成功

服务器启动成功后，控制台会显示：

[29/Apr/2019 10:29:30] "GET / HTTP/1.1" 200 16348

此信息显示了服务器连接的时间和响应信息，HTTP 的状态值为 200，表明连接成功。

如果要关闭连接，可使用【Ctrl+Break】组合键或【Ctrl+c】组合键。

温馨提示

内置服务器端口默认是 8000，如果要修改端口号，使用命令 manage.py runserver 8001(端口号)；
如果接受来自其他主机的请求，使用命令 manage.py runserver 0.0.0.0(主机 IP 地址):8000(端口号)。

【Break】键只存在于键盘上，笔记本电脑上没有此按键。

7.3.2　创建数据库

开发人员可以根据需要选择适合项目的数据库，SQLite 数据库作为轻量级的嵌入式数据库，
有着其他数据库没有的优势，它占用资源低，支持 Windows/Linux/UNIX 等主流的操作系统，可
跟很多程序语言相结合，比如 Tcl、C#、PHP、Java 等，还有 ODBC 接口，比著名的开源数据库
MySQL、PostgreSQL 的处理速度更快。

为了简要说明数据库模型的创建，我们使用 SQLite 数据库，在图 7-7 中 "Django" 目录里的
有一个 "db.sqlite3" 文件，如果目录中没有这个文件，可以在 settings.py 中进行设定。settings.py
文件中有一段代码如下：

```
DATABASES = {
    'default': {
        'ENGINE': 'django.db.backends.sqlite3',        #指定使用 sqlite3 数据库
        'NAME': os.path.join(BASE_DIR, 'db.sqlite3'),  #指定数据库名为 db.sqlite3
    }
}
```

其中 "'ENGINE'" 后就是指定使用 sqlite3 数据库。

使用 manage.py suncdb 命令生成数据库，用户名和密码都配置为 "admin"，结果如图 7-10 所示。

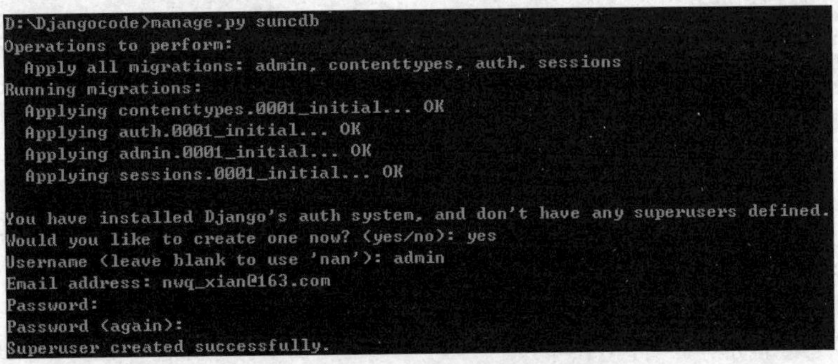

图 7-10　生成 SQLite 数据库

使用 SQLiteManager 打开 "db.sqlite3" 文件，添加表和字段，如图 7-11 所示。

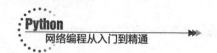

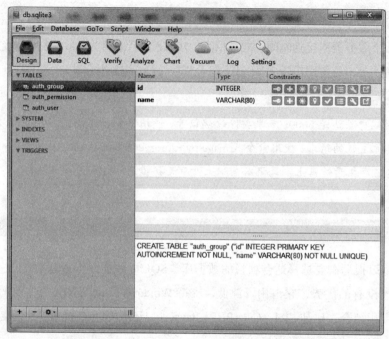

图 7-11　SQLiteManager 打开的"db.sqlite3"表结构

　　这里只添加了 3 张表。数据库设计可根据项目具体要求来设计，表及字段都可以自行添加，SQLite 数据库的增、删、改、查命令遵循 SQL 命令，只要有数据库基础的读者都能很快掌握它。

7.3.3　生成 Django 应用

　　在生成 Django 应用前，先了解一下 startapp 和 startproject，它们都是 manage.py 下的子命令，startproject 开始的是项目，startapp 则是项目下的子应用，使用 python manage.py startapp blogs 命令创建子应用 blogs 和 Djangocode。project 和 app 的结构如图 7-12 所示。

　　从图 7-12 可以看出，一个 Django 项目可以有多个 Django 子应用，blogs 和 Djangocode 就是两个具体的子应用。打开"blogs"，目录结构如图 7-13 所示。

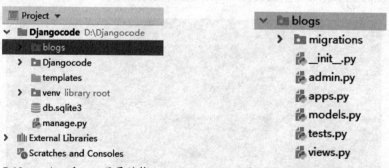

图 7-12　project 和 app 目录结构　　　　　　图 7-13　blogs 子应用目录结构

从图 7-13 中可以看出一个子应用里包含很多个 Python 文件，它们的含义分别如下。

__init__.py：用于说明 blogs 目录是一个 Python 模块。

models.py：包含一系列的模型类，每个模型类对应数据库中的一个表，这之间的映射由 Django 来完成，有关数据库的配置在 Djangocode/settings.py 中。

views.py：包含的是对各个请求的处理逻辑，可以在 blogs 目录下创建 template 目录，然后将前台的 HTML、css、Script 等内容放置在这个目录下，并在 setttings.py 文件添加相应的配置信息。

7.3.4　创建数据模型

数据模型就是一组相关对象的定义，包括类、属性和对象之间的关系。为了创建数据模型，需要修改 settings.py、models.py、views.py。下面通过一个示例来了解 Django 数据模型的创建。

步骤 01：要实现启动 Django 服务器，需要将应用添加到 Django 项目中，因此首先修改 Djangocode/settings.py 下的 INSTALLED_APPS，添加应用 blogs，代码如下：

```
INSTALLED_APPS = [
    'django.contrib.admin',
    'django.contrib.auth',
    'django.contrib.contenttypes',
    'django.contrib.sessions',
    'django.contrib.messages',
    'django.contrib.staticfiles',
    'blogs'                                        # 添加 blogs 应用
]
```

步骤 02：添加数据模型，打开 blogs/migrations/models.py，添加代码如下：

```
from django.db import models
# 创建数据模型
class First(models.Model):
    # 模型里面的所有类，都是 django.db.models.Models 的子类
    # 这些类在数据库中会被转化成数据表
    # 类中的所有字段都是 django.db.models.Field 的子类
    # 所有字段在数据中会被转化成数据库字段
    name = models.CharField(max_length=300,unique=True)       # unique 唯一
    des = models.CharField(max_length=200)
```

步骤 03：设置 views 和 urls，打开 blogs/migrations/views.py，添加代码如下：

```
from django.shortcuts import render
from django.http import  HttpResponse
# Create your views here.
from .models import First
def home(request):
    return HttpResponse(' 数据模型创建成功！')
```

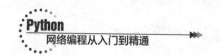
网络编程从入门到精通

步骤 04：运行项目 Djangocode。

步骤 05：在浏览器中输入 "http://127.0.0.1：8000/home/"，结果如图 7-14 所示。

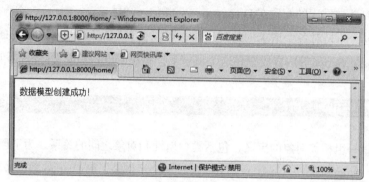

图 7-14　创建数据模型结果

7.3.5　URL 设计

Django 项目中的 URL 设计其实就是使用 URLconf 绑定视图函数和 URL，URLconf 就像 Django 支撑网站的目录，它是 URL 模式及其视图函数的映射表，以此明确 URL 调用的是哪段程序代码。

打开 Djangocode 目录下的 "settings" 文件，里面有一行代码 "ROOT_URLCONF = 'Djangocode. urls'"，这句代码的意思是 "URLconf 为 'Djangocode/urls.py' 文件"，打开 Djangocode 目录下的 "urls. py" 文件，里面有一段代码，如下所示。

```
urlpatterns = [
path('admin/', admin.site.urls),
    # views.home 是 views 中的函数名字
    path('home/',views.home)                #访问 home 下的 views.home 函数
]
```

这段代码表示 patterns 函数（或方法）返回 urlpatterns 对象的值，然后按顺序逐个匹配 URLconf 里的 URLpatterns，直到找到一个与之匹配的，当找到这个匹配的 URLpatterns，就调用相关联的 view 函数，并把 HttpRequest 对象作为第一个参数。最后在浏览器界面显示匹配的结果，也就是图 7-14 呈现的结果。

总结一下 URL 设计的步骤。

步骤 01：用户发送请求到 Django(Djangocode/home/)。

步骤 02：Django 通过 settings 中的 ROOT_URLconf 配置决定 URLconf(url.py)。

步骤 03：在 URLconf(url.py) 的 urlpatterns 中查找第一个匹配 home/ 的条目。

步骤 04：调用匹配到的 home/ 条目相应的视图函数 (views.home)。

步骤 05 ：在 views.py 下的 views.home 视图函数返回 HttpResponse。

步骤 06：Django 转换 HttpResponse，以 Web 页面的方式显示。

7.3.6 创建视图

视图就是 urlpatterns 中与查找条目相对应的视图函数，一般在 views.py 中创建。如下列代码所示：

```
from django.shortcuts import render
from django.http import  HttpResponse          # 导入 HttpResponse 类
# Create your views here.
from .models import First
def home(request):
    return HttpResponse('数据模型创建成功！')
```

通过 django.http 导入了 HttpResponse 类，然后创建了 home 视图，返回 HttpResponse 结果，最后在浏览器显示"数据模型创建成功！"。

这是一个静态页面的显示效果，当然也可以动态显示信息，下面用一个简单的随机数 random 来显示多个不同的随机数。修改 views.py 文件，首先"import random"，然后修改 home 函数，代码如下所示：

```
from django.shortcuts import render
from django.http import  HttpResponse
import random
# Create your views here.
from .models import First
def home(request):
    body1 ="random: % f <br/>" %random.random()
    body2 = "random: % f <br/>"%random.random()
    body3 = "random: % f <br/> "%random.random()
    html = "<html><body>" + body1 + body2 + body3 + "</body></html>"
    return HttpResponse(html)
```

在浏览器中输入"http://127.0.0.1:8000/home/"，结果如图 7-15 所示。

图 7-15 动态显示随机数

7.3.7 模板系统

为了让 Web 页面更简洁、更容易维护，通常使用 Django 的模板系统 (Template System) 来实现 HTML 的前端和后端设计分离。Django 模板语言的语法主要分为 {{变量}} 和 {%Tag %}2种，{{变量}} 主要用于和视图变量做替换，{% Tag %} 主要用于做逻辑判断和实现某些功能。在 settings.py 文件中设置 TEMPLATES 的 DIRS 的值为 "'./templates'"，表示将当前目录的 templates 作为模板文件保存。

```
TEMPLATES = [
    {
        'BACKEND': 'django.template.backends.django.DjangoTemplates',
#将当前目录的templates作为模板文件保存，路径需要使用'/'
        'DIRS':[os.path.join(BASE_DIR, './templates')]          ,
        'APP_DIRS': True,
        'OPTIONS': {
            'context_processors': [
                'django.template.context_processors.debug',
                'django.template.context_processors.request',
                'django.contrib.auth.context_processors.auth',
                'django.contrib.messages.context_processors.messages',
            ],
        },
    },
]
```

在 templates 目录下加入 list_index.html 文件。

```
<html>
<title>Main</title>

<body>
<h1>Main Page</h1>
<hr/>
{% for blog in entries %}
   <b>{{blog.title}}</b><br/>        #替换为视图变量的 title 值
   {{blog.content}}<p/>              #替换为视图变量的 content 值
{%endfor%}
</body>
</html>
```

修改 views.py 文件。

```
from django.shortcuts import render_to_response
# Create your views here.
```

```
entries =[
    {'title':'Introduction','content':'The Application Programmer's Interface to
Python gives C and C++ programmers access to the Python interpreter at a variety
of levels. The API is equally usable from C++, but for brevity it is generally
referred to as the Python/C API. There are two fundamentally different reasons for
using the Python/C API. The first reason is to write extension modules for specific
purposes; these are C modules that extend the Python interpreter. This is probably
the most common use. The second reason is to use Python as a component in a larger
application; this technique is generally referred to as embedding Python in an
application.'}
]
def home(request):
    return render_to_response('list_index.html',{'entries':entries})
```

启动 Django 服务器，在浏览器中输入"http://127.0.0.1:8000/home/"，结果如图 7-16 所示。

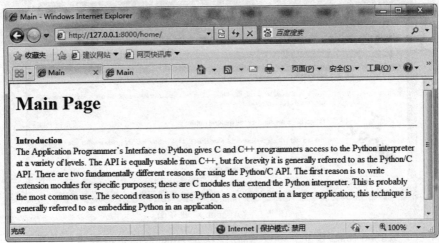

图 7-16　显示模板文件

7.3.8　发布 Django 项目

Django 内置服务器不是一个功能完备的服务器，不适合用于产品环境，可以使用 Apache 来完成 Django 项目的发布，实现步骤如下。

步骤 01：下载"Apache"，可根据需要下载相应的版本，Apache 的下载网址为"https://www.apachehaus.com/cgi-bin/download.plx#APACHE24VC09"。

步骤 02：解压 Apache，修改"Apache24\conf\httpd.conf"文件中的以下 3 处。

(1) 修改 Apache 路径为绝对路径。

```
Define SRVROOT "D:\tools\httpd-2.4.39-o102r-x64-vc14\Apache24"# 改为 Apache24 绝对路径
ServerRoot "${SRVROOT}"
```

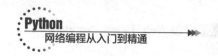
(2) 修改 Listen 为 8000。

```
#Listen 12.34.56.78:80
Listen 8000
```

(3) 修改 ServerName 端口号为 8000。

```
ServerName localhost:8000
```

步骤 03：打开 "D:\tools\httpd-2.4.39-o102r-x64-vc14\Apache24\bin\httpd.exe"，在浏览器输入 "http://127.0.0.1:8000/"，出现欢迎页面则代表成功，如图 7-17 所示。

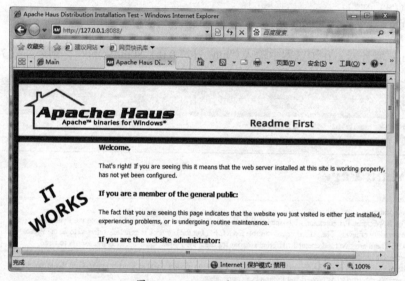

图 7-17　Apache 欢迎界面

步骤 04：下载 mod_wsgi 模块，mod_wsgi 模块是 Apache 的扩展模块，实现了 Python WSGI 标准，可以支持任何兼容 Python WSGI 标准的 Python 应用。下载地址为 "http://www.lfd.uci.edu/~gohlke/pythonlibs/#mod_wsgi"，网页上有很多版本，如图 7-18 所示。

Mod_wsgi, a WSGI adapter module for the Apache HTTP Server 2.x.
Linked against the VC10, and VC14 binaries from Apache Lounge and VC9 binaries from Apache House.
See Running mod_wsgi on Windows for version (in)compatibilities.

mod_wsgi-4.5.24+ap24vc14-cp35-cp35m-win32.whl
mod_wsgi-4.5.24+ap24vc14-cp35-cp35m-win_amd64.whl
mod_wsgi-4.5.24+ap24vc14-cp36-cp36m-win32.whl
mod_wsgi-4.5.24+ap24vc14-cp36-cp36m-win_amd64.whl
mod_wsgi-4.5.24+ap24vc14-cp37-cp37m-win32.whl
mod_wsgi-4.5.24+ap24vc14-cp37-cp37m-win_amd64.whl
mod_wsgi-4.5.24+ap24vc9-cp27-cp27m-win32.whl
mod_wsgi-4.5.24+ap24vc9-cp27-cp27m-win_amd64.whl
mod_wsgi-4.6.5+ap24vc14-cp35-cp35m-win32.whl
mod_wsgi-4.6.5+ap24vc14-cp35-cp35m-win_amd64.whl
mod_wsgi-4.6.5+ap24vc14-cp36-cp36m-win32.whl
mod_wsgi-4.6.5+ap24vc14-cp36-cp36m-win_amd64.whl
mod_wsgi-4.6.5+ap24vc15-cp37-cp37m-win32.whl
mod_wsgi-4.6.5+ap24vc15-cp37-cp37m-win_amd64.whl
mod_wsgi-4.6.5+ap24vc9-cp27-cp27m-win32.whl
mod_wsgi-4.6.5+ap24vc9-cp27-cp27m-win_amd64.whl

图 7-18　mod_wsgi 版本

下载哪个版本要根据 Python 的版本来定，本书使用的是 Python 37 版本，因此下载的是 mod_wsgi-4.5.24+ap24vc14-cp37-cp37m-win_amd64.whl。

步骤 05：把 mod_wsgi-4.5.24+ap24vc14-cp37-cp37m-win_amd64.whl 复制到 Python 安装目录 (.\Python37\Scripts) 下，运行 cmd.exe，进入 Scripts 目录，运行安装命令。

```
pip3 install "mod_wsgi-4.5.24+ap24vc14-cp37-cp37m-win_amd64.whl"
```

安装过程及成功界面如图 7-19 所示。

图 7-19　mod_wsgi 安装成功

步骤 06：运行如下命令。

```
mod_wsgi-express module-config
```

上述代码运行的结果如图 7-20 所示。

图 7-20　mod_wsgi.so 模块

步骤 07：图 7-20 里框中的内容即 mod_wsgi.so，将这些内容复制到 http.cnf 文件的末尾，并指定 Web 项目 wsgi.py 配置文件路径，配置内容如下。

```
# 添加 mod_wsgi.so 模块
LoadFile "c:/programs/python/python37/python37.dll"
LoadModule wsgi_module "c:/programs/python/python37/lib/site-packages/mod_wsgi/server/mod_wsgi.cp37-win_amd64.pyd"
WSGIPythonHome "c:/programs/python/python37"
# 指定 Web 项目的 wsgi.py 配置文件路径
WSGIScriptAlias / D:/Djangocode/Djangocode/wsgi.py
```

```
#指定项目路径
WSGIPythonPath D:/Djangocode

<Directory D:/Djangocode/Djangocode>
<Files wsgi.py>
    Require all granted
</Files>
</Directory>

Alias /static D:/Djangocode/static
<Directory D:/Djangocode/static>
    AllowOverride None
    Options None
    Require all granted
</Directory>
```

步骤 08：重启 bin\httpd.exe，在浏览器输入 "http://127.0.0.1:8000/home"，出现图 7-16 界面则表示 Apache 发布 Django 项目成功。

▶ 新手问答

❶ Python 中的 MTV 与传统的 MVC 有什么区别？

答： 传统 MVC 中 M 为 Model，主要封装对数据库层的访问，对数据库中的数据进行增、删、改、查操作；V 为 View，用于封装结果，生成页面展示的 HTML 内容；C 为 Controller，用于接收请求，处理业务逻辑，与 Model 和 View 交互，返回结果。

Python 在 MVC 基础上做了些变化，演变成了 M 为 Model，与 MVC 中的 M 功能相同，负责和数据库交互，进行数据处理；T 为 Template，与 MVC 中的 V 功能相同，负责封装构造要返回的 HTML；V 为 View，与 MVC 中的 C 功能相同，接收请求，进行业务处理，返回应答。

❷ Linux 环境中安装 Django 使用什么命令？

答： 使用 pip 命令安装方法，依次输入以下命令：

```
tar xzvf Django-X.Y.tar.gz    # 解压下载包
cd Django-X.Y                 # 进入 Django 目录
python setup.py install       # 执行安装命令
```

安装成功后在 site-packages 目录下可找到 Django。

牛刀小试

【案例任务】

搭建 Django 环境，使用 Django 自带开发服务器实现网页显示"欢迎进入 Django 开发之旅"。

【编码实现】：

步骤 01：新建 Django 项目，名称为"DjangoTest"。

步骤 02：使用 python manage.py startapp Test 命令新建 APP 为"Test"。

步骤 03：修改 settings.py 下 INSTALLED_APPS，添加应用 Test，代码如 DjangoTest7-1。

```
INSTALLED_APPS = [
    'django.contrib.admin',
    'django.contrib.auth',
    'django.contrib.contenttypes',
    'django.contrib.sessions',
    'django.contrib.messages',
    'django.contrib.staticfiles',
    'Test'
]
```

步骤 04：设计 models.py, 代码如下：

```
from django.db import models
from django.db import models
class First(models.Model):
    name = models.CharField(max_length=300,unique=True)
    des = models.CharField(max_length=200)
```

步骤 05：设计 views.py, 代码如下：

```
from django.shortcuts import render
from django.http import  HttpResponse
# Create your views here.
from .models import First
def home(request):
    return HttpResponse('欢迎进入 Django 开发之旅 ')
```

步骤 06：设计 urls.py, 代码如下：

```
from django.contrib import admin
from django.urls import path
from Test import views
urlpatterns = [
    path('admin/', admin.site.urls),
```

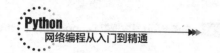

```
path('home/',views.home)
```

步骤 07，启动 Django 服务器 DjangoTest ▷。

步骤 08：在浏览器地址栏输入 "http://127.0.0.1:8000/home/"，实现效果如图 7-21 所示。

图 7-21   欢迎进入 Django 开发之旅

温馨提示

urls.py 中还有一个 path，浏览器地址栏输入 http://127.0.0.1:8000/home/，可看到 Django administration 登录界面。

▶ 本章小结

本章主要介绍了 Python 的 Web 应用框架，包括 Flask、Diesel 和 Zope 三种，重点讲解了 Django 基础内容，从 Django 的简介到开发环境的搭建，逐一介绍了 Django 的应用，包括自带的服务器、创建数据库模型、URL 设计、创建视图、模板系统等。由于 Django 自带的开发服务器功能不完备，还详细介绍了如何使用 Apache 发布 Django 项目。本章知识可使开发人员快速掌握 Web 应用框架。

第 8 章
网络文件传输（FTP 与 Telnet）

本章导读

在网络通信领域，远程文件传输是一个很重要的分支。在网络参考模型 OSI 的 7 层协议中，TCP、FTP、Telnet、UDP 可以实现远程文件处理。Python 作为一门功能强大的语言，也可以实现对远程文件的处理。本章将详细讲解使用 Python 语言实现网络文件传输的过程。

知识要点

● 网络协议 FTP 和 Telnet

● telnetlib 模块和 ftplib 模块

● FTP 服务器的搭建

8.1　网络协议介绍

　　FTP 和 Telnet 都属于 TCP/IP 协议族中的一员。FTP 是用于网络传输的一套标准协议，使用服务器 / 客户端模式，处于网络模型的应用层，延时较长，从开始请求到第一次接收需求数据所需的时间较长，并且偶尔会执行一些冗长的登录进程；Telnet 协议则通过终端计算机使用 Telnet 命令，连接到服务器，如同直接在服务器控制台输入命令一样。要开始一个 Telnet 会话，必须先输入用户名和密码登录服务器。本章将介绍 FTP 和 Telnet 两种协议的使用。

8.1.1　FTP 协议介绍

　　FTP 由一系列规格说明文档组成，它能完成两台计算机之间的拷贝，从目标计算机拷贝文件至源计算机，这个过程称为"下载（download）"；从源计算机拷贝文件至目标计算机，这个过程则称为"上传（upload）"。FTP 传输效率高，一般用于传输较大的文件。

用户要连接 FTP 服务器，需要使用 FTP 客户端软件，常用的 FTP 客户端软件有 FileZilla、CuteFTP、Ws_FTP、FlashFXP、LeapFTP、流星雨—猫眼等。Windows 也自带了"ftp"命令，这是一个命令行的 FTP 客户程序。客户端连接 FTP 服务器需要有该 FTP 服务器授权的帐号，即登录用户名和密码。

FTP 协议的命令和应答在客户端和服务器端的控制连接上以 NVT ASCII 码形式传送，要求在每行结尾都要返回 CR、LF 对（每个命令或每个应答），这些命令都是 3 或 4 个字节的大写 ASCII 字符，常用的命令如表 8-1 所示。

表 8-1　FTP 命令

命令	说明
ABOR	放弃先前的 FTP 命令和数据传输
LIST filelist	列表显示文件或目录
PASS　password	服务器上的口令
PORT n1,n2,n3,n4,n5,n6	客户端 IP 地址 (n1,n2,n3,n4) 和端口 (n5*256+n6)
QUIT	从服务器注销
RETR filename	检索（取）一个文件
STOR filename	检索（放）一个文件
SYST	服务器返回系统类型
TYPE type	说明文件类型：A 表示 ASCII 码，I 表示图像
USER username	服务器上用户名

FTP 应答都是 ASCII 码形式的 3 位数字，并跟有报文选项，FTP 应答说明如表 8-2 所示。

表 8-2　应答说明

应答	说明
1yz	肯定预备应答，它仅仅是在发送另一个命令前期待另一个应答时启动
2yz	肯定完成应答，一个新命令可以发送
3yz	肯定中介应答，该命令已被接受，但另一个命令必须被发送
4yz	暂态否定完成应答，请求的动作没有发生，但差错状态是暂时的，所以命令可以过后再发
5yz	永久性否定完成应答，命令不被接受，并且不再重试
x0z	语法错误
x1z	信息
x2z	连接，应答指控制或数据连接
x3z	鉴别和记账，应答用于注册或记账命令
x4z	未指明
x5z	文件系统状态

8.1.2　FTP 工作原理

大多数介绍 FTP 的标准命令 TCP 端口号为 21，PORT 方式数据端口为 20。实际工作中，FTP 分为主动模式 (PORT) 和被动模式 (PASV) 两种，在主动模式中使用 TCP 的 21 和 20 两个端口，在被动模式中则使用大于 1024 的随机端口，大多数 FTP Server 服务器模式都同时支持这两种模式。

1. 主动模式 (PORT)

首先客户端的任意一个非特权端口 N（N>1024）连接到 FTP 服务器的命令端口 (TCP 21 端口)，然后客户端开始监听端口 N+1，并发送 FTP 命令"PORT N+1"到 FTP 服务器。最后服务器会从它自己的数据端口（20）连接到客户端指定的数据端口（N+1），这样客户端就可以和 FTP 服务器建立数据传输通道了。主动模式 (PORT) 工作原理如图 8-1 所示。

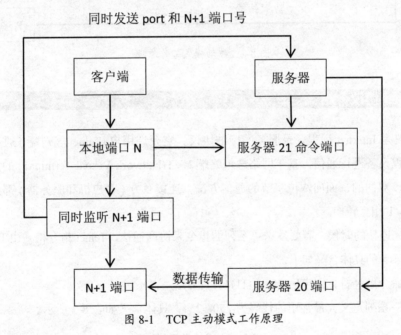

图 8-1　TCP 主动模式工作原理

2. 被动模式 (PASV)

被动模式由客户端来实现命令连接和数据连接。开启一个 FTP 连接，客户端打开任意两个非特权本地端口（N > 1024 和 N+1）。第一个端口连接服务器的 21 端口，提交 PASV 命令，服务器任意开启一个非特权端口（P > 1024），并发送 PORT P 命令给客户端，然后客户端发起从本地端口 N+1 到服务器的端口 P 的连接用来传送数据。被动模式 (PASV) 工作原理如图 8-2 所示。

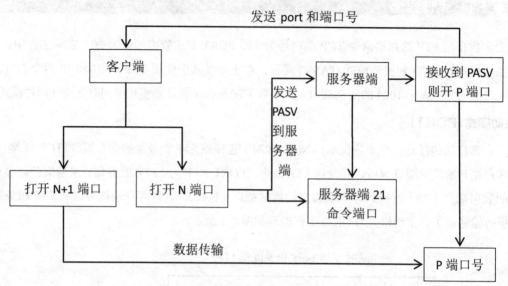

图 8-2　被动模式工作原理

8.1.3　Telnet 协议介绍

Telnet 协议是 Internet 远程登录服务的标准协议，它允许用户 (Telnet 客户端) 通过一个协商过程来与一个远程设备进行通信，基于网络虚拟终端 NVT(Network Virtual Termina1) 的实现，提供一个相对通用的、双向的、面向八位字节的通信方法，连接双方 (客户机和服务器) 都必须把它们的物理终端和 NVT 相互转换。

使用 Telnet 连接的时候，需要发送一系列的指令来协商通信，Telnet 指令格式由 IAC+ 命令码 + 选项码组成。三者的具体含义如下。

IAC 就是命令解释符，固定值 255 (11111111 B)。

命令码是一系列定义，最常用的代码为 250~ 254，具体含义如表 8-3 所示。

表 8-3　命令码及描述

名称	代码（十进制）	描述
SB	250(FA)	子选项开始
WILL	251(FB)	同意启动（enable）选项
WONT	252(FC)	拒绝启动选项
DO	253(FD)	认可选项请求
DONT	254(FE)	拒绝选项请求

选项码用来指明操作的选项，常用的选项代码如表 8-4 所示。

表 8-4　选项代码表

选项标识	名称	RFC
1	回应（echo）	857
3	禁止继续	858
5	状态	859
6	时钟标识	860
24	终端类型	1091
31	窗口大小	1073
32	终端速率	1079
33	远端流量控制	1372
34	行模式	1184
36	环境变量	1408

举个例子来说明 Telnet 命令，客户端向服务器端发送序列"IAC DONT ECHO"，服务器收到请求后，发出"IAC WONT ECHO"3 个字符的响应，表示服务器已经按请求同意关闭回显。

■ 温馨提示

在 Telnet 协议命令中有 WILL、DO、WONT 和 DONT4 个选项协商。WILL 表示发送方本身将激活选项；DO 表示发送方希望接受端激活选项；WONT 表示发送方本身想禁止选项；DONT 表示发送方想让接受端去禁止选项。

8.1.4　Telnet 工作原理

Telnet 实现远程登录，需要同时开启服务器端程序和客户端的程序。

1. 客户端程序要完成的功能包括以下几个方面。

(1) 建立与服务器的 TCP 连接。

(2) 从键盘上接收输入的字符。

(3) 把输入的字符串变成标准格式并传送给远程服务器。

(4) 从远程服务器接收输出的信息。

(5) 把该信息显示在客户端屏幕上。

2. 远程计算机的服务程序接收到客户端的请求，会马上活跃起来，它要完成以下几个功能。

(1) 通知客户端，远程计算机已经准备好了。

(2) 等候客户端输入命令。

(3) 对客户端的命令作出反应（如显示目录内容或执行某个程序等）。

(4) 把执行命令的结果送回客户端。

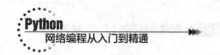

(5) 再次等候客户端的命令。

8.2 Telnet 协议远程登录

Telnet 协议支持远程登录服务，实现源计算机与目标计算机的连接，目标计算机运行的屏幕显示会传送到源计算机上，并将源计算机的输入发送给目标计算机，这种服务方式需要使用 Telnet 命令进行远程登录。

8.2.1 配置选项

可以使用 Telnet 远程访问主机，默认情况下 Windows 7 系统没有开启此服务，为实现 Telnet 远程访问主机的操作，可通过以下几个步骤配置客户端和服务器端。

1. 客户端配置

步骤 01：依次单击【开始】→【控制面板】→【程序】→【打开或关闭 Windows 功能】，如图 8-3 所示。

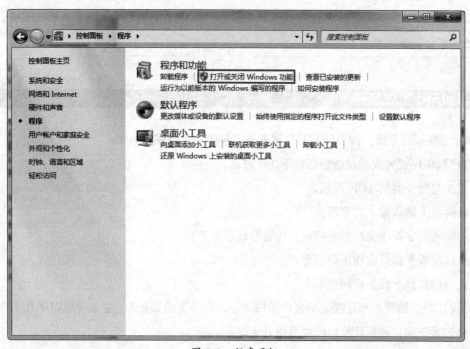

图 8-3 程序面板

步骤 02：在【打开或关闭 Windows 功能】窗口，勾选【Telnet 客户端】复选框，单击【确定】按钮，如图 8-4 所示。

图 8-4　勾选 Telnet 客户端

步骤 03：单击【确定】按钮，成功安装 Telnet 客户端。

步骤 04：在 cmd 窗口输入"telnet www.sina.com"，测试 Telnet 命令是否可用，如图 8-5 所示。

图 8-5　测试 telnet 命令

2. 服务器端配置

步骤 01：配置 Telnet 服务器，只需要在客户端配置的步骤 02 中勾选【Telnet 服务器】复选框，然后单击【确定】按钮即可。Telnet 服务器安装好后，进入计算机管理窗口，如图 8-6 所示。

图 8-6　计算机管理界面

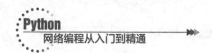

步骤 02：在【计算机管理】窗口，启动 Telnet 服务，选中并右击【Telnet】选项，选择属性，打开【Telnet 的属性】对话框，如图 8-7 所示。

图 8-7　Telnet 的属性

步骤 03：单击【常规】选项卡，单击【启动】按钮，启动 Telnet 服务。

步骤 04：在 cmd 中输入命令"telnet 服务器 IP"，接着输入登录用户名和密码即可实现远程登录，如图 8-8 所示。

图 8-8　客户端连接服务器端界面

步骤 05：远程登录成功，如图 8-9 所示。

图 8-9　远程登录成功

■ 温馨提示

输入登录服务器的密码时，不会有任何提示。

8.2.2 连接 Telnet 服务器

Python 中有一个 telnetlib 模块用来实现 Telnet 远程登录服务器的功能，它在 PyCharm 中的安装过程如下。

步骤 01：打开 PyCharm，单击【file】→【settings】→【Project Interpreter】。

步骤 02：单击界面右上方的【+】。

步骤 03：在 Available Packages 中搜索 "telnetlib3"，单击【Install Package】按钮。

步骤 04：等待安装，提示安装成功，则在 PyCharm 中添加 telnetlib 模块成功。

Python 程序中使用 import 语句就可将 telnetlib3 导入 Python 文件。

以使用 Telnet 连接远程服务器为例，开启远程 Telnet 服务器，在客户端编写 Python 脚本，导入 telnetlib 模块，代码如下：

```python
# -*- coding: utf-8 -*-
import telnetlib
# 配置选项，设置服务器 IP 地址，登录用户名和密码
Host = '192.168.0.159'              #Telnet 服务器 IP
username = 'admin'                  # 登录用户名
password = '123456'                # 登录密码
finish = ':~$ '                    #命令提示符（标识着上一条命令已执行完毕）
# 连接 Telnet 服务器
tn = telnetlib.Telnet(Host)        #使用 telnetlib.Telnet 连接服务器
tn.read_until('login: ')           #输入登录用户名
tn.write(username + '\n')
tn.read_until('Password: ')        #输入登录密码
tn.write(password + '\n')
tn.read_until(finish)
tn.write('ls\n')                   #登录完毕后，执行 ls 命令
# ls 命令执行完毕后，终止 Telnet 连接（或输入 exit 退出）
tn.read_until(finish)
tn.close()
# tn.write('exit\n')
```

8.3 FTP 文件

Python 标准库中，ftplib 模块提供了对 FTP 客户端实现的支持，服务器的实现可以使用前面介绍的 Twisted 框架。FTP 协议与 HTTP 协议相似，都可以获取文档数据，它们的区别在于 FTP 是将命令和数据分开，而 HTTP 协议是将控制信息和数据信息放在一起，所以它们都可以用 urllib 模块来获取文档资源，只需将 URL 的协议值设置为 "FTP" 即可。

8.3.1 搭建 FTP 服务器

要实现 FTP 的上传下载功能，需要搭建 FTP 服务器，Win 7 操作系统搭建 FTP 服务器，包括 FTP 上传和 FTP 下载。

1. 搭建 FTP 服务器

步骤 01：创建用于访问 FTP 服务器的用户名和密码，单击【开始】→【控制面板】→【用户账户和家庭安全】→【添加或删除用户】，添加账户"ftpuser"，设置账户 ftpuser 的密码，如图 8-10 所示。

图 8-10　添加账户

步骤 02：在 D 盘根目录下创建两个文件夹，分别是 FTP 上传和 FTP 下载；

步骤 03：添加 FTP 服务，单击【开始】→【控制面板】→【添加或删除程序】→【添加 / 删除 Windows 组件】→【应用程序服务器】→【Internet 信息服务】，如图 8-11 所示。

图 8-11　添加 FTP 服务器

步骤 04：勾选【FTP 服务器】【FTP 服务】【FTP 扩展性】选项复选框，单击【确定】按钮，完成 FTP 服务器的安装。

步骤 05：右击桌面上的【计算机】图标，单击【管理】选项，进入【计算机管理】窗口，如图 8-12 所示。

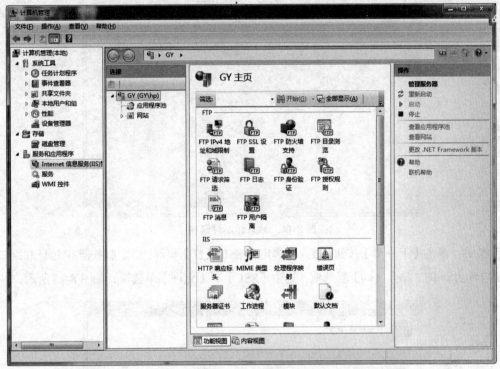

图 8-12　计算机管理窗口

步骤 06：依次单击【服务和应用程序】→【Internet 信息服务 (IIS) 管理器】，右键单击【网站】，选择【添加 FTP 站点】选项如图 8-13 所示。

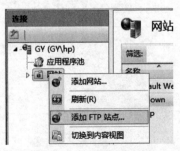

图 8-13　添加 FTP 站点

步骤 07：打开【站点信息】对话框，在【FTP 站点名称】下的文本框内输入"ftpup"，在【物理路径】下拉菜单中选择【D:\FTP 上传】选项，如图 8-14 所示。

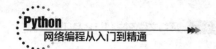

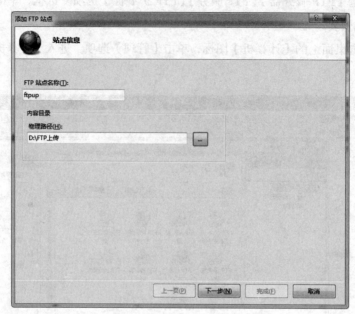

图 8-14　站点信息对话框

步骤 08：单击【下一步】按钮，进入【绑定和 SSL 设置】界面，绑定服务器 IP 地址和端口号，勾选【自动启动 FTP 站点（s）】复选框，选中【SSL】下【允许】单选钮，如图 8-15 所示。

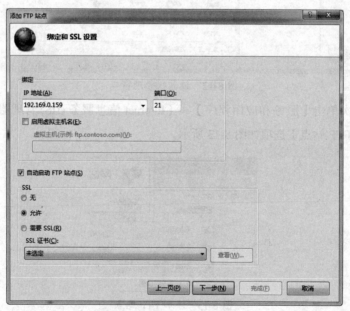

图 8-15　绑定和 SSL 设置对话框

步骤 09：单击【下一步】按钮，进入【身份验证和授权信息】对话框，勾选【身份验证】下【基本】复选框，【授权】设为允许访问【所有用户】，分别勾选【权限】下【读取（D）】和【写入（W）】复选框，如图 8-16 所示。

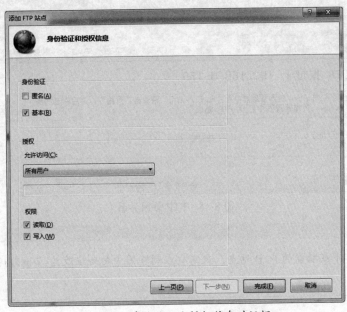

图 8-16　身份验证和授权信息对话框

步骤 10：单击【完成】按钮，成功添加 ftpup 站点服务器。

同样的方法可添加 ftpdown 站点服务器，只需修改步骤 07 中物理路径，将其设置为"D:/FTP 下载"；步骤 08 中的端口号，将其修改成其他端口号，如 2121。

2. 验证 FTP 服务器

在地址栏输入"ftp://192.168.0.159/"，按【Enter】键，弹出 FTP 服务器登录对话框，填入之前创建的用户名 ftpuser 及其密码，如图 8-17 所示。

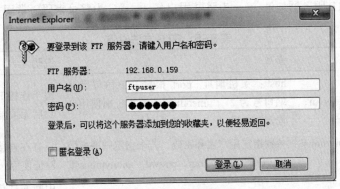

图 8-17　FTP 服务器登录

单击【登录】按钮，显示具有上传功能的 FTP 界面，如图 8-18 所示。

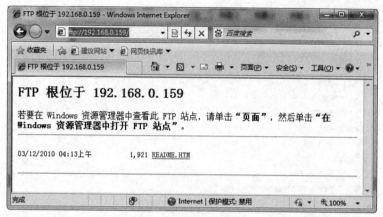

图 8-18　FTP 访问界面

温馨提示

若要登录具有下载功能的 FTP 站点，只需要在浏览器中把地址改为"ftp://192.168.0.159:2121/"即可。

8.3.2 ftplib 模块

Python 中有专门的模块用来实现 FTP 操作，这个专门的模块就是 ftplib 模块，该模块中定义了基于 FTP 协议的 FTP 类，可以进行一些 FTP 工作。

以下是一些 FTP 接口的说明。

```
ftplib.FTP(host=", user=", passwd=", acct=", timeout=None, source_address=None)
```

其中 host 为 FTP 服务器地址，user 为登录用户名，passwd 为登录密码。常用方法如表 8-5 所示。

表 8-5　FTP 方法说明

方法	参数	说明
FTP.connect(host=", port=0, timeout=None, source_address=None)	host：主机地址；port: 根据 FTP 协议默认端口号为 21；timeout：若不指定则使用全局超时参数	用于连接 FTP 服务器，链接成功后无须再调用
FTP.login(user='anonymous', passwd=", acct=")	参数指定用户名和密码，若未指定则匿名访问。user：'anonymous', passwd：'anonymous@'	只有在连接 FTP 服务器时用以验证使用
FTP.abort()	无参数	中断文件传输操作，不一定管用，尝试而已
FTP.getwelcome()	无参数	连接成功返回"welcome"信息

续表

方法	参数	说明
FTP.retrbinary(command, callback, blocksize=8192, rest=None)	command：RETR 命令，callback：获取的数据块将要调用的函数，blocksize：数据块的最大尺寸，rest：REST 命令	以 BINARY 模式获取文件，
FTP.retrlines(command, callback=None)	command：RETR 命令	以 ASCII 模式获取文件或者文件夹列表
FTP.set_pasv(boolean)	是否启用 "passive" 模式，默认为开启。boolean 为 true：允许被动模式，boolean 为 false：禁用被动模式	允许或者禁用被动模式
FTP.transfercmd(command, rest=None)	command：传输命令，rest：REST 命令	开启数据连接，主动模式下发送 EPRT 或者 PORT 命令，并通过 cmd 发送传输命令，接受连接；被动模式下发送 EPSV 或者 PASV 命令，连接服务器并通过 cmd 发送传输命令。两种模式下都要返回 socket 套接字
FTP.dir(argument[, ...])	argument：文件夹路径	使用 LIST 命令获取某路径下的文件夹列表，默认为当前目录
FTP.rename(fromname, toname)	fromname：旧名称；toname：新名称	修改文件名称
FTP.delete(filename)	filename：文件名	移除服务器中的某文件，若成功返回响应文本，否则返回 error_perm（许可错误）或 error_reply（其他错误）
FTP.mkd(pathname)	pathname：文件夹路径	服务器中新建文件夹
FTP.rmd(dirname)	dirname：文件夹名称	移除某个文件夹
FTP.size(filename)	filename：文件名	请求文件大小，若请求成功则返回整数，否则返回 None；该命令非标准命令，但很多服务器支持
FTP.quit()	无参数	向服务器发送 QUIT 命令后，关闭连接，若服务器无法识别该命令，会响应错误
FTP.close()	无参数	单方面关闭连接，无法重复关闭连接

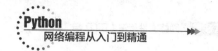

从 Python 3.2 开始,增加了 TLS 安全传输层协议,TLS 方法说明如表 8-6 所示。

表 8-6　TLS 安全传输层协议说明

方法	说明
FTP_TLS.ssl_version()	使用的 SSL 的版本
FTP_TLS.auth()	使用 TLS 或者 SSL 建立安全控制连接,取决于 ssl_version() 方法
FTP_TLS.prot_p()	建立安全的数据连接
FTP_TLS.prot_c()	建立明文数据连接

8.3.3　FTP 的登录与退出

ftplib 模块中有一个 FTP 类,用这个类可以构建 FTP 客户端,使用这个对象的方法可以完成 FTP 客户端的大部分操作。

```
Import ftplib    # 导入 ftplib 模块
ftp=ftplib.FTP()  # 构建 ftp 实例
```

使用命令 ftp.connect("192.168.0.159") 可实现与服务器 192.168.0.159 的连接,连接结果如图 8-19 所示。

图 8-19　成功连接 FTP 服务器

使用如下命令,可实现 FTP 服务器登录和退出。

```
#FTP 服务器登录,192.168.0.159 是服务器地址,用户名为 ftpuser,密码为 123456
ftp=ftplib.FTP("192.168.0.159","ftpuser","123456")

#FTP 服务器退出
ftp.quit()
```

执行结果如图 8-20 所示。

图 8-20　FTP 的登录与退出

8.3.4　FTP 数据传输

下面是一个使用 FTP 协议传输数据的示例。

```
from ftplib import FTP
ftp = FTP()
timeout = 30
port = 21
ftp.connect('192.168.0.159', port, timeout)          # 连接 FTP 服务器
ftp.login('ftpuser', '123456')                        # 登录
print
ftp.getwelcome()                                      # 获得欢迎信息
ftp.cwd('./test')                                     # 设置 FTP 路径
list = ftp.nlst()                                     # 获得目录列表
for name in list:
    print(name)                                       # 打印文件名字
path = 'd:/FTP 上传 /test' + name                     # 文件保存路径
f = open(path, 'wb')                                  # 打开要保存文件
filename = 'RETR ' + name                             # 保存 FTP 文件
ftp.retrbinary(filename, f.write)                     # 保存 FTP 上的文件
ftp.delete(name)                                      # 删除 FTP 文件
ftp.storbinary('STOR ' + filename, open(path, 'rb'))  # 上传 FTP 文件
ftp.quit()                                            # 退出 FTP 服务器
```

　　开始运行代码前，D:\FTP 上传 \test 目录下有一个文件 filename.txt，里面的内容是"测试"，上面代码的作用就是读取 filename.txt 文件内容，剪切"测试"到服务器根目录下的文件名为 testfilename.txt 内。

新手问答

01 请分别写出与远程Linux FTP服务器连接、用户登录、列出当前路径下的目录和文件的命令？

答： 与远程 Linux FTP 服务器通信的命令有很多，其中和指定的远程 Linux FTP 服务器连接命令：FTP>open [ftpservername]；使用指定远程 Linux FTP 服务器的用户登录命令：FTP>user [username] [password]；远程 Linux FTP 服务器上当前路径下的目录和文件命令有：FTP>ls 或 FTP>dir。

02 FTP.quit() 与 FTP.close() 有什么区别？

　　答：FTP.quit() 和 FTP.close() 都表示关闭一个 FTP 连接，FTP.quit() 是 FTP.close() 的别名，它们的语法格式分别是 ftp_quit(ftp_connection) 和 ftp_close(ftp_connection)，ftp_connection 就是指定要关闭的 FTP 连接。

➤ 牛刀小试

【案例任务】

服务器 192.168.0.159（端口号为 21）的 home 目录下有一张名为 Hydrangeas.jpg 的图片，请使用 Python 实现 FTP 下载该图片的功能，登录服务器的用户名为 ftpuser，密码为 123456。

【技术解析】

本案例主要使用了字符串截取和嵌套循环，思路如下。

1. 建立与远程 FTP 服务器的连接；

2. 创建 downloadfile() 函数用于下载图片。

【编程实现】

代码实现及分析（example8-1.py）如下：

```python
from ftplib import FTP
def ftpconnect():
    ftp_server = '192.168.0.159'
    username = 'ftpuser'
    password = '123456'
    ftp = FTP()
    ftp.set_debuglevel(2)
    ftp.connect(ftp_server, 21)
    ftp.login(username, password)
    return ftp
def downloadfile():
    remotepath = "/home/Hydrangeas.jpg"                  #图片所在位置
    ftp = ftpconnect()
    print(ftp.getwelcome())
    bufsize = 1024
    localpath = 'D:\\FTP下载 \\Hydrangeas.jpg'            #下载图片到 D:\FTP下载目录
    fp = open(localpath, 'wb')
    ftp.retrbinary('RETR ' + remotepath, fp.write, bufsize)
    ftp.set_debuglevel(0)
    fp.close()
    ftp.quit()
def getList():
    ftp = ftpconnect()
    print('*' * 40)
    ftp.dir()
    ftp.dir('/aaa/')
    print('+' * 40)
```

```
if __name__ == "__main__":
 downloadfile()
```

运行结果：D:\FTP 目录下存在 Hydrangeas.jpg 图片，如图 8-21 所示。

图 8-21　FTP 下载图片

➤ 本章小结

　　本章主要介绍网络传输协议 FTP 和 Telnet，还讲解了如何搭建 FTP 服务器。FTP 由于其文件传输功能强大而受到大家的欢迎，而 Telnet 因为其安全性不高，故使用率较低。Python 中有专门针对 FTP 和 Telnet 协议的模块，它们分别是 ftplib 和 telnetlib。开发人员可使用这两个模块实现 FTP 和 Telnet 的网络传输。这些知识能帮助读者更好地掌握利用 Python 实现网络文件传输功能。

第 9 章

使用 POP3 和 SMTP 协议收发邮件

▌本章导读

电子邮件是人们沟通的重要方式，它遵循客户端－服务器模型，使用 POP3 和 SMTP 进行接收和发送。本章介绍邮件收发协议 POP3、SMTP 和 IMAP，在 Python 中主要通过 poplib 模块和 smtplib 模块来实现邮件的收发功能。由于邮件收发过程需考虑安全机制和一些异常的处理，因此本章还介绍了 SSL、TLS 安全协议以及不可预期的异常处理模式。

▌知识要点

- POP3 和 SMTP 协议
- Python 对 POP3 的实现
- Python 对 SMTP 的实现
- 错误处理与会话调试
- SSL、TLS 安全协议

(9.1) 协议介绍

当今社会，电子邮件与人们的生活紧密相连，要在 Internet 上实现电子邮件功能，必须要有专门的电子邮件服务器。现在很多的厂商如 Sina、Sohu、163 等都有自己的邮件服务器。用户在邮件服务器上申请账号，邮件服务器就为这个账号分配一定的空间，用户就可以使用这个账号来收发邮件。常见的邮件传输协议有 POP3、SMTP、IMAP。

9.1.1　POP3 协议

POP3(Post Office Protocol 3)，即邮局协议的第 3 个版本，是 TCP/IP 协议族中的一员，适用 C/S 构架结构，它规定怎样将个人计算机连接到 Internet 的邮件服务器和下载电子邮件的电子协议。它是因特网电子邮件的第一个离线协议标准，POP3 协议默认端口是 110，它允许用户从服务器上把邮件存储到本地主机上，同时删除保存在邮件服务器上的邮件，而 POP3 服务器则是遵循 POP3 协议的电子邮件接收服务器。

基于 POP3 收发邮件的客户端和服务端都是采用 ASCII 码来明文发送用户名和密码。在认证状态下，客户端发出连接请求，并把由命令构成的 user/pass 用户身份信息数据明文发送给服务端，服务端确认客户端身份以后，连接状态由认证状态转入处理状态，为了避免发送明文口令的安全问题，可以使用 APOP 认证方法，口令在传输之前就被加密，当客户端与服务端第一次建立连接时，POP3 服务器向客户端发送一个由一串字符组成对每个客户机唯一的 ASCII 码文本。然后客户端把它的纯文本口令附加到刚才接收的字符串之后，接着计算出新字符串的 MD5 单出函数值的消息数据，最后客户机把用户名和 MD5 加密后的消息摘要作为 APOP 命令的参数一起发送到服务器。

9.1.2　SMTP 协议

SMTP (Simple Mail Transfer Protocol)，即简单邮件传输协议，SMTP 协议属于 TCP/IP 协议族，使用 TCP 端口 25，SMTP 协议帮助每台计算机在发送或中转信件时找到下一个目的地。SMTP 服务器是遵循 SMTP 协议的发送邮件服务器。

SMTP 认证，要求必须在提供了账户名和密码之后才可以登录 SMTP 服务器，增加 SMTP 认证的目的是使用户避免受到垃圾邮件的侵扰。

9.1.3　IMAP

IMAP(Internet Mail Access Protocol)，即交互式邮件存取协议，它类似于 POP3，是邮件访问标准协议之一。与 POP3 不同的是，开启了 IMAP 后，在电子邮件客户端收取的邮件仍然保留在服务器上，同时在客户端上的操作都会反馈到服务器上，如删除邮件、标记已读等，服务器上的邮件也会做相应的动作。所以无论从浏览器登录邮箱或者客户端软件登录邮箱，看到的邮件以及状态都是一致的。

9.1.4　163 邮箱对 POP3、SMTP、IMAP 的支持

以 163 邮箱为例，它支持 POP3、SMTP 和 IMAP 协议，设置 163 邮箱对 POP3、SMTP 和 IMAP 协议支持的步骤如下。

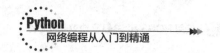

步骤 01：登录 163 邮箱。

步骤 02：单击邮箱上方的【设置】→【常规设置】选项，进入邮箱设置界面，如图 9-1 所示。

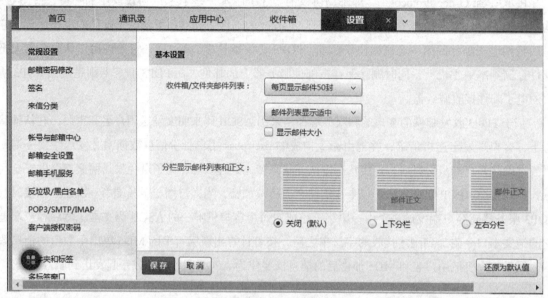

图 9-1　163 邮箱设置界面

步骤 03：单击左侧条目【POP3/SMTP/IMAP】，在右侧可勾选【POP3/SMTP 服务】或【IMAP/SMTP 服务】复选框，单击【保存】按钮，即可完成 163 邮箱所支持的传输协议，如图 9-2 所示。

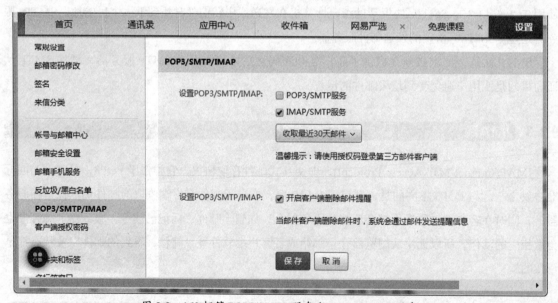

图 9-2　163 邮箱 POP3/SMTP 服务和 IMAP/SMTP 服务

163 邮箱对应三个邮件服务器 IMAP、SMTP 和 POP3，它们对应服务器地址及 SSL 协议端口号和非 SSL 协议端口号如表 9-1 所示。

表 9-1　163 邮件服务器

服务器名称	服务器地址	SSL 协议端口号	非 SSL 协议端口号
IMAP	imap.163.com	993	143
SMTP	smtp.163.com	465/994	25
POP3	pop.163.com	995	110

9.2　Python 库的支持

Python 使用 poplib 模块实现对 POP3 协议的支持。poplib 模块是 Python 内置模块，包含 POP3 和 POP3_SSL 两类。

9.2.1　搭建 POP3/SMTP 邮件服务器

Python 的 poplib 模块主要实现客户端的操作，因此要实现邮件通信，先要搭建一个 POP3/SMTP 邮件服务器，这里使用 hMailServer 来搭建邮件服务器，安装及配置步骤如下。

步骤 01：下载 hMailServer 安装包，双击 "hMailServer-5.6.3-B2249" 安装文件，打开安装界面，如图 9-3 所示。

图 9-3　hMailServer 安装界面

步骤 02：单击【Next】按钮，进入【License Agreement】窗口，如图 9-4 所示。

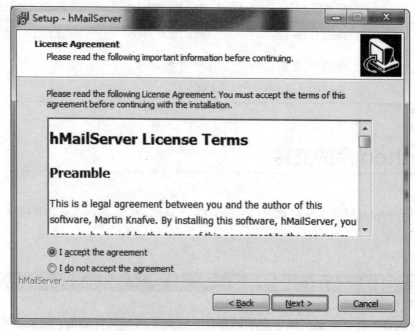

图 9-4   License Agreement 界面

步骤 03：选中【I accept the agrement】单选钮，单击【Next】按钮，进入【Select Destination Location】窗口，可设置安装路径如图 9-5 所示。

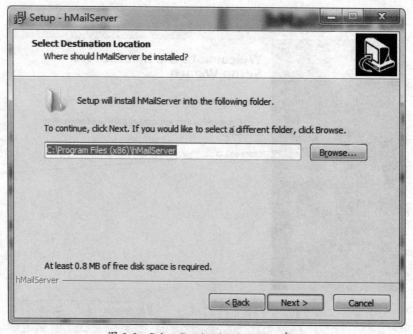

图 9-5   Select Destination Location 窗口

步骤 04：设置安装路径后，单击【Next】按钮，进入【Select Component】窗口，如图 9-6 所示。

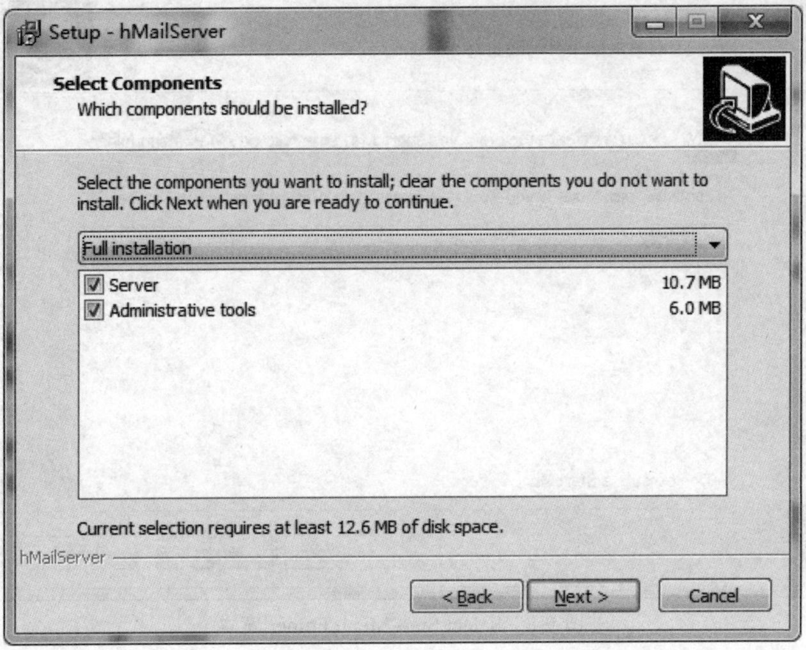

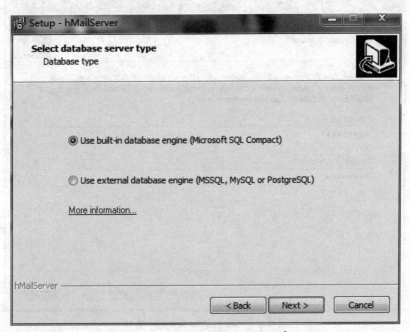

图 9-6　Select Component 窗口

步骤 05：选择安装组件，单击【Next】按钮，进入【Select database server type】窗口，如图 9-7 所示。

图 9-7　Select database server type 窗口

步骤 06：单击【Next】按钮，进入【Select Start Menu Folder】窗口，如图 9-8 所示。

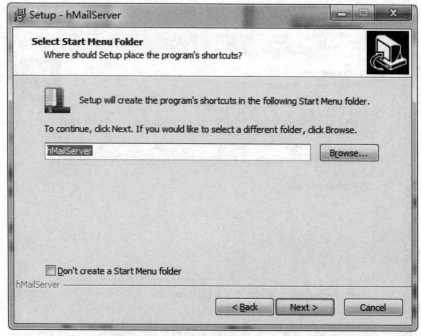

图 9-8　Select Start Menu Folder 窗口

步骤 07：设置开始菜单显示的文件名，单击【Next】按钮，进入【hMailserver Security】窗口，如图 9-9 所示。

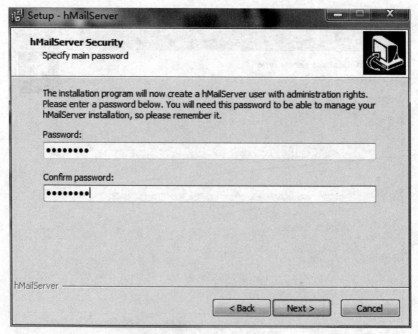

图 9-9　hMailserver Security 窗口

步骤 08：输入 hMailServer 管理员要设置的密码，单击【Next】按钮，进入【Ready to Install】窗口，如图 9-10 所示。

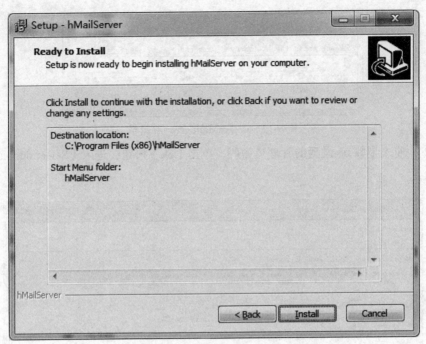

图 9-10 Ready to Install 窗口

步骤 09：单击【Install】按钮，安装成功，单击【Finish】按钮，关闭窗口，如图 9-11 所示。

图 9-11 安装成功

步骤 10：单击【开始】→【所有程序】→【hMailServer】→【hMailServer Database setup】，输入打开密码对话框，管理员如图 9-12 所示。

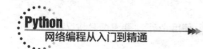

图 9-12　连接 hMailServer 对话框

步骤 11：输入步骤 08 设置的管理员密码，单击【ok】按钮，进入【Select option】窗口，如图 9-13 所示。

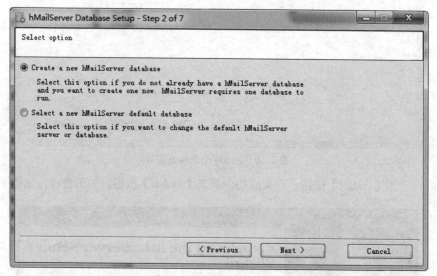

图 9-13　Select option 窗口

步骤 12：选中 Create a new hMailServer database 单选钮，单击【Next】按钮，进入【Select database server type】窗口，如图 9-14 所示。

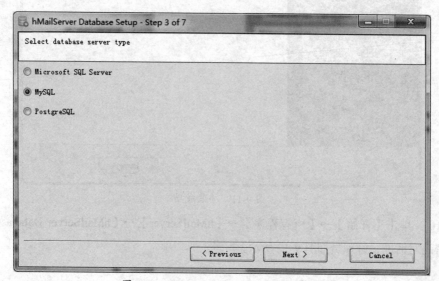

图 9-14　Select database server type 窗口

步骤 13：选中【MySQL】单选钮，单击【Next】按钮，进入连接数据库信息窗口，如图 9-15 所示。

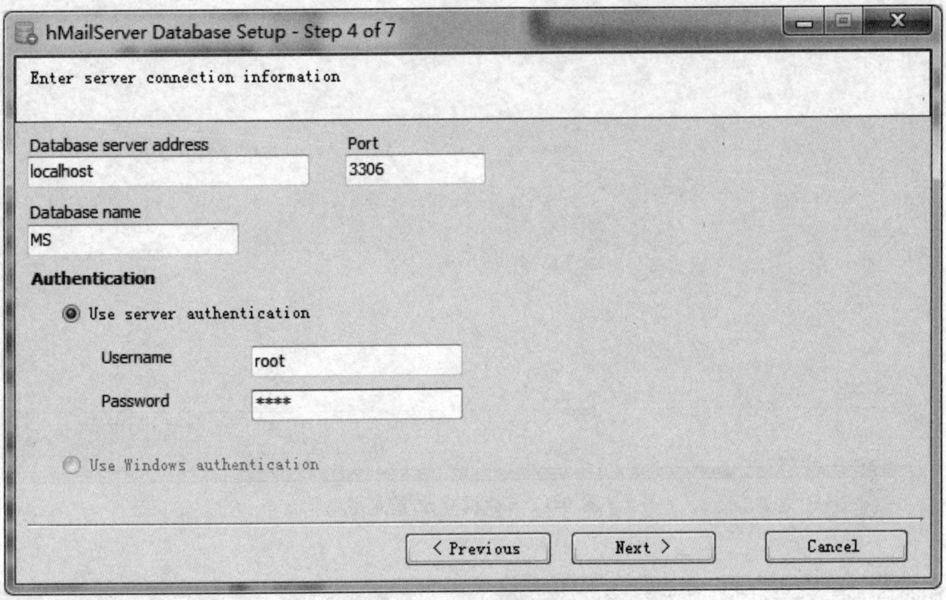

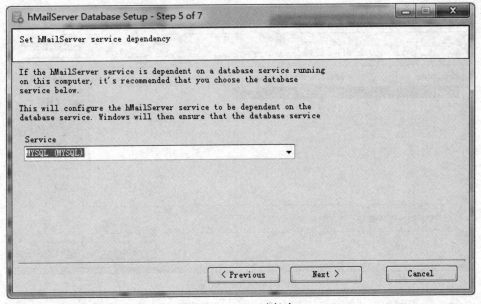

图 9-15 数据库信息窗口

步骤 14：填写数据库服务器、端口号、数据库名称、登录数据库服务器的用户名和密码，单击【Next】按钮，进入【service】选择窗口，如图 9-16 所示。

图 9-16 service 选择窗口

步骤 15：在【service】下拉菜单中选择【MYSQL(MYSQL)】，单击【Next】按钮，数据库配置完成，如图 9-17 所示。

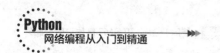

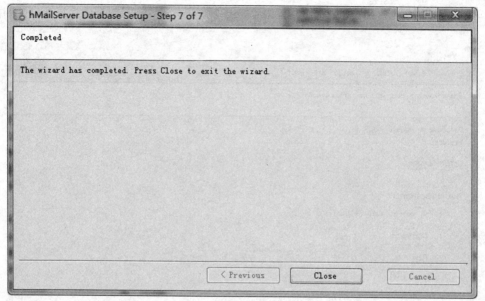

图 9-17　数据库配置完成

9.2.2　邮箱服务器的配置

邮件服务器搭建好了，还需要对其进行相应配置，配置过程如下。

步骤 01：打开 hMailServer Administrator，显示服务器只有一个，可以通过【Add】按钮添加其他的服务器，如图 9-18 所示。

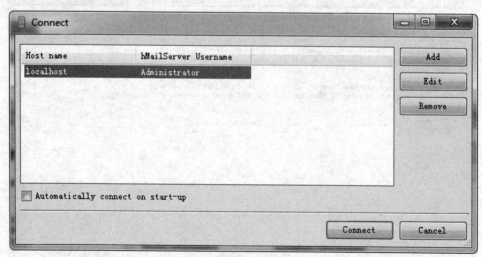

图 9-18　Connect 窗口

步骤 02：选中要连接的服务器，单击【Connect】按钮，进入服务器配置界面，查看 Status 为 Running，如图 9-19 所示。

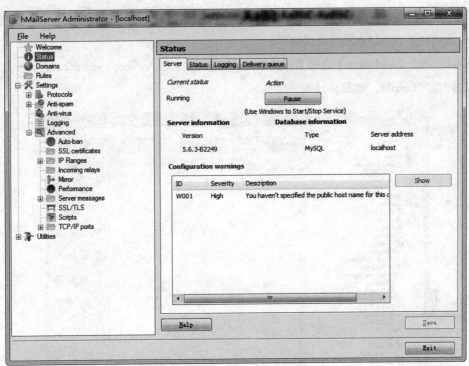

图 9-19 服务器 Status 状态

步骤 03：单击【Settings】→【Advanced】→【TCP/IP ports】，打开 TCP/IP 端口，如图 9-20 所示。

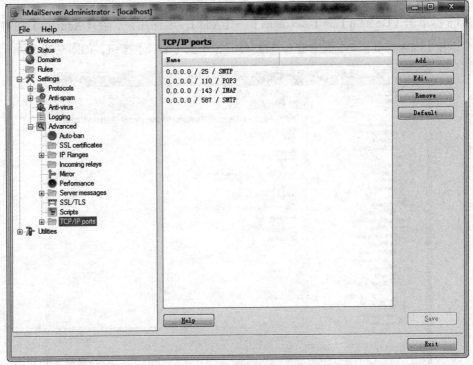

图 9-20 TCP/IP 端口

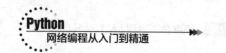

由图 9-20 可以看出，SMTP 有"25"和"587"两个端口，一般"587"是使用 ssl 时的端口，POP3 端口是"110"，IMAP 端口是"143"。

步骤 04：单击【Welcome】选项卡，在 Domain 输入框中输入"pop3.server.com"，单击【Save】按钮，成功添加 Domain，如图 9-21 所示。

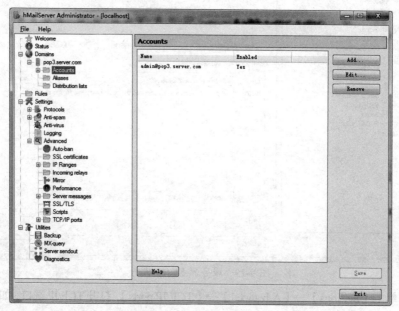

图 9-21　添加 Domain

步骤 05：单击【Domain】→【Accounts】→【Add】，添加用户，在【Address】文本框中输入"user"，在【Password】文本框中输入"123456"，单击【Save】按钮，如图 9-22 所示。

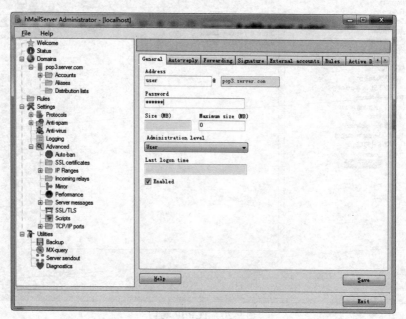

图 9-22　添加用户

步骤 06：保存用户成功，如图 9-23 所示。

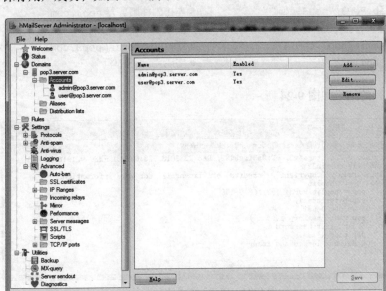

图 9-23 邮箱用户

9.2.3 poplib 库的操作

poplib 模块的作用是从 POP3 收取邮件，它采用一问一答的方式，客户端向服务器发送一条命令，服务器必然会回复一条信息。POP3 命令码如表 9-2 所示。

表 9-2 POP3 命令码

命令	poplib 方法	参数	状态	描述
USER	user	username	认可	用户名，此命令与下面的 PASS 命令若成功，将导致状态转换
PASS	pass_	password	认可	用户密码
APOP	apop	Name,Digest	认可	Digest 是 MD5 消息摘要
STAT	stat	None	处理	请求服务器发回关于邮箱的统计资料，如邮件总数和总字节数
UIDL	uidl	[Msg#]	处理	返回邮件的唯一标识符，POP3 会话的每个标识符都将是唯一的
LIST	list	[Msg#]	处理	返回邮件数量和每个邮件的大小
RETR	retr	[Msg#]	处理	返回由参数标识的邮件的全部文本
DELE	dele	[Msg#]	处理	服务器将由参数标识的邮件标记为删除，由 QUIT 命令执行
RSET	rset	None	处理	服务器将重置所有标记为删除的邮件，用于撤消 DELE 命令
TOP	top	[Msg#]	处理	服务器将返回由参数标识的邮件前 n 行内容，n 必须是正整数
NOOP	noop	None	处理	服务器返回一个肯定的响应
QUIT	quit	None	更新	

实现邮箱连接与认证，代码如下：

```
import poplib                          # 导入 poplib 模块
pop = poplib.POP3("pop3.com")         # 连接邮件服务器 pop3.com
pop.getwelcome()                       # 获取服务器的输出
pop.user("admin@pop3.com")            # 用户名: admin@pop3.com
pop.pass_("admin")                     # 密码: admin
```

上述代码运行的结果如图 9-24 所示。

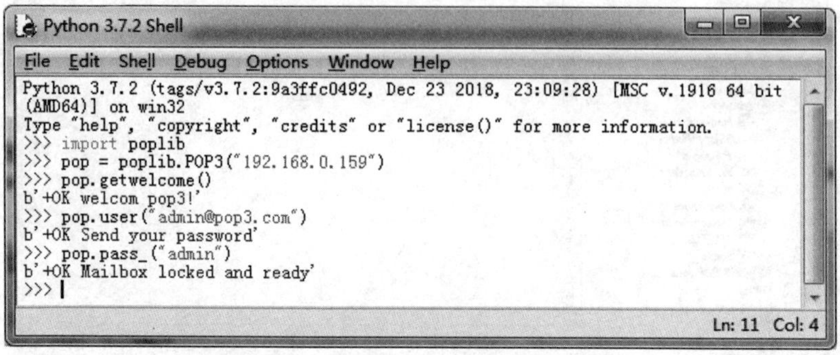

图 9-24　POP3 方式连接与认证

9.2.4　smtplib 实现 SMTP 连接与认证

Python 中的 smtplib 模块实现了 SMTP 协议客户端的功能。SMTP 客户端和 POP3 客户端操作过程类似，只是最后是发送邮件，而不是接收邮件。

SMTP 连接与认证，代码如下：

```
import smtplib                                    # 导入 smtplib 模块
smtp = smtplib.SMTP("192.168.0.159")            # 连接邮件服务器
smtp.login("admin@pop3.com","admin")            # 连接用户名: admin@pop3.com, 密码: admin
smtp.noop()                                       # 保持连接
```

上述代码运行的结果如图 9-25 所示。

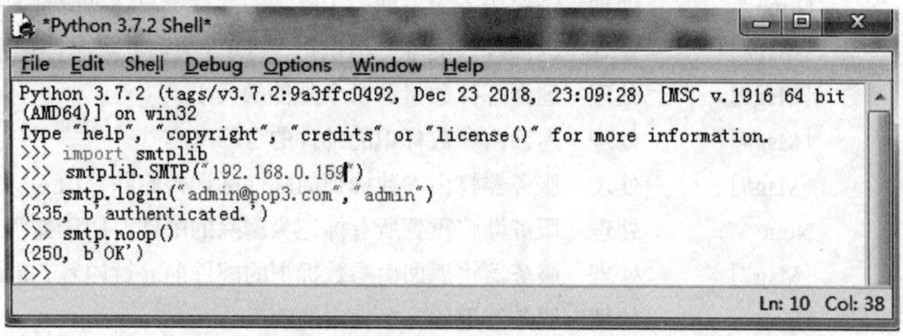

图 9-25　SMTP 方式连接与认证

9.2.5 构造邮件正文数据

Python 中使用 email 库来编辑邮件内容的，包括标题、发件人、接收人、正文等信息。在构建邮件正文时需要导入一些模块，下面对导入的模块作了详细说明。

```
# 构建邮件头信息，包括发件人、接收人、标题等
from email.mime.multipart import MIMEMultipart
# 构建邮件正文，可以是 text，也可以是 HTML
from email.mime.text import MIMEText
# 构建邮件附件，理论上只要是文件即可，一般是图片、Excel 表格、word 文件等
from email.mime.application import MIMEApplication
# 专门构建邮件标题的，这样做可以支持标题中文
from email.header import Header
```

下面代码的功能是实现 admin@pop3.com 向 gou@163.com 发送邮件的功能，邮件正文由 Python 代码构建，具体代码如下：

```
# 导入相关库 -email
from email.mime.multipart import MIMEMultipart
                                    # 构建邮件头信息，包括发件人、接收人、标题等
from email.mime.text import MIMEText   # 构建邮件正文，可以是 text，也可以是 HTML
from email.mime.application import MIMEApplication
                                    #构建邮件附件，理论上只要是文件即可，一般是图片、
                                    Excel 表格、word 文件等
from email.header import Header      # 专门构建邮件标题的，这样做可以支持标题中文
import smtplib
def send_email():
    smtp_server = '192.168.0.159'       # 邮件服务器
    username = "admin@pop3.com"         #用户名
    password = 'admin'                   # 密码
    sender = username                    # 邮件发送人
    receiver = ['gou@163.com']           # 邮件接收人
    # 邮件头信息
    msg = MIMEMultipart('related')
    msg['Subject'] = Header(" 我的第一封 python 邮件 ")
    msg[ "From" ] = sender
    msg['To'] = ','.join(receiver)
    # text 内容
    content_text = MIMEText("Hello World", "text", "utf-8")
    msg.attach(content_text)
    # 发送邮件，测试成功，流程都是固定的：创建客户端，登录，发送，关闭
    email_client = smtplib.SMTP(smtp_server)
    email_client.login(username, password)
    email_client.sendmail(sender, receiver, msg.as_string())
```

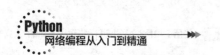

```
        email_client.quit()
if __name__ == '__main__':
        send_email()
```

上述代码运行的结果如图 9-26 所示。

图 9-26　构建邮件正文

图 9-26 中的 txt 文档内容就是在 Python 代码中构建的邮件正文，被作为附件发送给 gou@163.com
邮箱了。

9.3　错误处理与会话调试

在程序开发中常常会发生一些错误或异常，如果是语法错误，Python 解释器会检测到，但对
于一些逻辑错误，如果程序没有处理就会抛出异常并且终止程序的运行。

9.3.1　常见异常

在 Python 程序开发过程中，可能会有下面的异常情况发生。

```
res=4/0                   # 除数为 0，导致 res2 无法完成计算
Res1=1+'str'              # 类型错误，无法计算
# 数组下标超界
arr=['a','b']
 arr[3]
```

Python 会提示程序在运行中的错误，Python 的错误类型及说明如表 9-3 所示。

表 9-3　Python 的错误类型及说明

错误类型	说明
ImportError	无法引入模块或包，基本上是路径问题或名称错误
IndentationError	语法错误代码没有正确对齐
IndexError	下标索引超出序列边界，比如当 x 只有三个元素，却试图访问 x[5]
KeyError	试图访问字典里不存在的键
KeyboardInterrupt	Ctrl+C 被按下
IOError	输入 / 输出异常，基本上是无法打开文件
AttributeError	试图访问一个对象没有的属性，比如 foo.x，但是 foo 没有属性 x
NameError	使用一个还未被赋予对象的变量
SyntaxError	Python 代码非法，代码不能编译
TypeError	传入对象类型与要求不符合
UnboundLocalError	试图访问一个还未被设置的局部变量，基本上是由于另有一个同名的全局变量，导致访问出错
ValueError	传入一个调用者不期望的值，即使值的类型是正确的

9.3.2　异常处理

为保证程序的健壮性与容错性，在遇到异常时不致程序崩溃，Python 提供了对异常的处理机制。如果异常是可预见的，可在代码中添加条件语句进行处理，如果异常不可预见，可以使用"try...excption"将可能出现异常的代码块封装起来，这点与 Java 对异常处理的方式一样。

```
try:
    被检测的代码块
except 异常类型:
    检测到异常后执行语句
```

下面通过示例来说明 Python 对异常的处理，有如下异常代码：

```
str = 'a'
Res1=1+str
print(Res1)
```

对上述代码进行异常处理：

```
str = 'a'
try:
 Res1=1+str
 print(Res1)
```

```
except Exception as e:
    print(' 发生异常 ',e)
```

上述代码运行的结果显示：发生异常 unsupported operand type(s) for +: 'int' and 'str'。

9.3.3 自定义异常处理

定义异常类需要继承 Exception 类，初始化时使用 Exception 类的 "__init__" 方法，可以添加一个 err 属性用于存放错误信息。自定义异常的语法是 raise exceptiontype(arg...)，直接生成该异常类的一个实例并抛出该异常。在捕获异常时使用 except exceptiontype as var 的语法获取异常实例 var，从而可以在后续的处理中访问该异常实例的属性。

```
class myerror(Exception):              # 自定义异常类 myerror 继承 Exception 类
    def __init__(self,err):            # 初始化使用 Exception.__init__(self)
        Exception.__init__(self)
        self.err=err
try:                                    # 捕获异常
    raise myerror('myexception')
except myerror as var :
    print(var.err)                      # 打印异常信息
```

上述代码运行的结果：myexception。

9.4 SSL 和 TLS

9.4.1 SSL 协议

SSL(Secure Sockets Layer) 安全套接层，是利用数据加密 (Encryption) 技术，为网络通信提供安全及数据完整性的一种安全协议。在传输层对网络连接进行加密，SSL 协议位于 TCP/IP 协议与各种应用层协议之间。SSL 协议可分为 SSL 记录协议（SSL Record Protocol）和 SSL 握手协议（SSL Handshake Protocol），其中 SSL 记录协议建立在可靠的传输协议（如 TCP）之上，为高层协议提供数据封装、压缩、加密等基本功能的支持；SSL 握手协议建立在 SSL 记录协议之上，用于在实际的数据传输开始前，通信双方进行身份认证、协商加密算法、交换加密密钥等。

SSL 工作流程如图 9-27 所示。

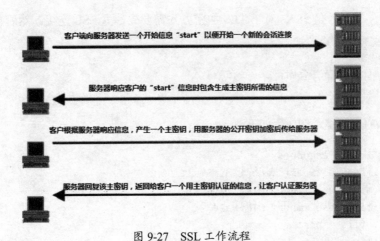

图 9-27 SSL 工作流程

9.4.2 TLS 协议

TLS（Transport Layer Security）安全传输层协议，是为网络通信提供安全及数据完整性的一种安全协议，在传输层对网络连接进行加密。TLS 协议是 SSL 协议的继任者，它建立在 SSL 3.0 协议规范之上，是 SSL 3.0 的后续版本，它写入了 RFC，包括 TLS 记录协议和 TLS 握手协议，目前大都采用 "TLS1.0：RFC2246" 这种方式。

CA(Certificate Authority) 证书授权中心，它是受国际认可的，给受信任的申请对象颁发证书。CA 需要付费，但是也可以随时吊销。SSL Server 生成的证书与 CA 证书有什么关系呢？

SSL Server 生成一个私钥或公钥对（server.key/server.pub），"server.pub" 生成一个请求文件 "server.req."，请求文件中包含 server 的一些信息，如域名 / 申请者 / 公钥等。server 将请求文件 server.req 递交给 CA，CA 验证后，将用 "ca.key" 和请求文件加密生成 "server.crt"。由于 ca.key 和 ca.crt 是一对，于是 "ca.crt" 可以解密 "server.crt."。

在实际应用中，如果 "SSL Client" 想要校验 "SSL server."，那么 "SSL server" 必须要将他的证书 "server.crt" 传给 "client."，然后 "client" 用 "ca.crt" 去校验 "server.crt" 的合法性。例如，浏览器作为一个 client，想访问合法的淘宝网站 "https://www.taobao.com"，结果不慎访问到 "https://wwww.jiataobao.com"，那么浏览器将会检验到这个假淘宝钓鱼网站的非法性，提醒用户不要继续访问。这样就可以保证了 client 的所有 https 访问都是安全的。

9.4.3 SSL/TLS 模块加密

Python 邮件传输中可以通过 SSL 和 TLS 方式加密，通信过程加密，确保邮件数据安全。

1.SSL 加密：端口号是 465

```
server = smtplib.SMTP_SSL(smtp_sever,465)
```

2.TLS 加密：端口号是 587，对于 TLS 加密方式需要先建立 SSL 连接，然后再发送邮件。此处使用 starttls() 来建立安全连接。

```
server = smtplib.SMTP(smtp_sever,587)
server.starttls()
```

3. 使用 SSL/TLS 完整示例代码如下：

```
from email import encoders
from email.mime.multipart import MIMEMultipart
from email.mime.text import MIMEText
from email.mime.base import MIMEBase
from email.utils import formataddr
import smtplib
# SMTP 服务器以及相关配置信息
smtp_sever = '192.168.0.159'
from_addr = 'admin@pop3.com'
password = 'admin'                                     # 授权码
to_addr = 'gou@163.com'                                # 接收邮箱
# 创建 MIMEMultipart 实例，通过 attach 方法把 MIMEText 和 MIMEBase 添加进去
msg = MIMEMultipart()
msg['From'] = formataddr(('Emily',from_addr))
msg['To'] = formataddr(('Henry',to_addr))
msg['Subject'] = 'Welcome to SSL/TLS'
msg.attach(MIMEText('请查看附件','plain','utf-8'))       # 添加邮件正文 MIMEText
# 添加附件就是加上一个 MIMEBase，从本地读取一个 txt 文档
with open('D:/test/test.txt','rb') as f:
    # 设置附件的 MIME 和文件名，这里是 txt 类型
    mimebase = MIMEBase('test','txt')
    # 加上必要的头信息
    mimebase.add_header('Content-Disposition', 'attachment', filename='myDocument.docx')
    mimebase.add_header('Content-ID', '<0>')
    mimebase.add_header('X-Attachment-Id', '0')
    mimebase.set_payload(f.read())                     # 把附件的内容读进来
    encoders.encode_base64(mimebase)                   # 用 Base64 编码
    msg.attach(mimebase)# 添加到 MIMEMultipart 中
server = smtplib.SMTP(smtp_sever,25)                   # 通邮件传送方式
#server = smtplib.SMTP(smtp_sever,587)                 # TLS 加密方式
#server.starttls()
#server = smtplib.SMTP_SSL(smtp_sever,465)             # 使用 SSL 加密方式，端口号为 465
server.set_debuglevel(1)                               # 查看实时登录日志信息
server.login(from_addr,password)
server.sendmail(from_addr,to_addr,msg.as_string())
server.quit()
```

上述代码运行的结果如图 9-28 所示。

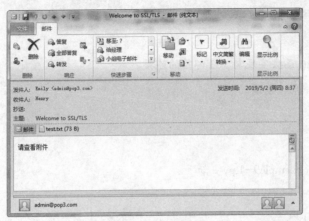

图 9-28　邮件传输加密

➤ 新手问答

01 POP3 与 IMAP 有什么区别?

答: POP3 协议在客户端的操作不会反馈到服务器上,IMAP 提供 WebMail 实现服务器与电子邮件客户端之间的双向通信,客户端的操作都会反馈到服务器上。POP3 更易丢失邮件或多次下载相同的邮件,IMAP 整体上为用户带来更为便捷和可靠的体验。

02 Python SMTP 对象怎样发送邮件?

答: Python SMTP 对象使用 sendmail 方法发送邮件,语法如下。

```
SMTP.sendmail(from_addr, to_addrs, msg[, mail_options, rcpt_options])
```

参数说明如下。

from_addr: 邮件发送者地址。

to_addrs: 字符串列表,邮件发送地址。

msg: 发送消息。

➤ 牛刀小试

【案例任务】

使用 SMTP 向 163 邮箱发送邮件。

【技术解析】

本案例主要使用 smtplib 模块发送邮件，思路如下。

1. 导入 smtplib 模块。

2. 添加 send_email() 函数实现与 163 邮箱的连接。

3. 创建客户端、登录、发送。

4. 关闭连接。

【编程实现】

代码实现及分析（example9-1.py）如下：

```
import smtplib
def send_email():
    smtp_server = 'smtp.163.com'                              #163 邮箱服务器
    username = "*****@smtp.com"                   #用户名
    password = 'xxxxx'                            #授权码，登录163邮箱开启客户
                                                  端授权码可获得

    sender = username                             #邮件发送人
    receiver = ['发送邮箱地址', '抄送邮箱地址']      #邮件接收人
    # 发送邮件，测试成功，流程都是固定的：创建客户端，登陆，发送，关闭
    email_client = smtplib.SMTP(smtp_server)
    email_client.login(username, password)
    email_client.sendmail(sender, receiver, msg.as_string())
    email_client.quit()
if __name__ == '__main__':
    send_email()
```

➤ 本章小结

本章介绍了 POP3、SMTP、IMAP 协议，以及 poplib 模块和 smtplib 模块在邮件收发中的使用，通过 email 库可以构建邮件头信息、正文、附件等。对于程序中不可预期的异常需要引入异常处理机制，可以使用系统自带的 Exception 类，也可以自定义异常。SSL、TLS 是邮件收发中很重要的安全协议。

第 10 章
使用 SNMP 协议管理网络

■本章导读

本章从 SNMP 协议开始，将依次介绍在 Windows 和 Linux 操作系统下 SNMP 的安装、配置，以及 PySNMP 框架安装及常用操作，让读者学会如何使用 SNMP 协议来管理网络。

■知识要点

- SNMP 协议
- SNMP 的安装
- SNMP 框架及使用

10.1　SNMP 协议介绍

网络管理的复杂性促使网络管理进一步发展。SNMP（Simple Network Management Protocol）简单网络管理协议，包含一个应用层协议（application layer protocol）、数据库模型（database schema）和一组资源对象，是基于 TCP/IP 协议族的网络管理标准，是一种在 IP 网络中管理网络节点（如服务器、工作站、路由器、交换机等）的标准协议。SNMP 协议能够支持网络管理系统，监测连接到网络上的设备。SNMP 的目标是管理互联网（Internet）上众多厂家生产的软硬件平台。

10.1.1　SNMP 组成部分

SNMP 管理的网络主要由三部分组成，如图 10-1 所示。

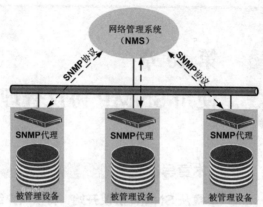

图 10-1 SNMP 管理的组成

1. 被管理的设备，也称网络单元或网络节点，可以是支持 SNMP 协议的路由器、交换机、服务器或者主机等。被管理设备都有一个管理信息库（MIB）用于收集并储存管理信息。通过 SNMP 协议，NMS 能获取这些信息。

2. SNMP 代理，是被管理设备上的一个网络管理软件模块，拥有本地设备的相关管理信息，负责把本地设备的相关管理信息转换成与 SNMP 兼容的格式，传递给 NMS。

3. 网络管理系统（NMS），监控被管理设备，为网络管理提供大量的处理程序及必需的储存资源。

任何一个被管理的资源都表示一个对象，称为被管理的对象，被管理对象的集合称为 MIB(Management Information Base)。MIB 定义了被管理对象的一系列属性，包括名称、访问权限和数据类型等。每个 SNMP 设备（Agent）都有自己的 MIB。MIB 也可以看作是 NMS（网管系统）和 Agent 之间的沟通桥梁。

10.1.2　SNMP 版本

SNMP 目前定义了三个版本，分别是 SNMP v1、SNMP v2、SNMP v3。

SNMP v1 是最早的 SNMP 协议版本，提供最小限度的网络管理功能，它采用团体名认证方式，类似于密码，用来限制 NMS 对 Agent 的访问。

SNMP v2 是 SNMP v1 的进化版，GetNext 和 Set 操作与 SNMP v1 相同，在 SMI 规格资料型态上进行了增加和强化。例如，位元串（bit strings）、网络地址（network addresses）和计数器（counters）。SNMP v2 还定义了 GetBulk 和 Inform 两个新的协议操作。

SNMP v3 由 RFC 3411-RFC 3418 定义，在前面的版本上增加 SNMP 在安全性和远端配置方面的强化。SNMP v3 中引入了三个安全级别，分别是 noAuthNoPriv、authNoPriv 和 authPriv。

10.1.3　SNMP 的风险

接入 Internet 就面临着 Web 服务器被攻击、邮件服务器不安全等风险，而且网络中可能还存在一些隐性的漏洞。根据 SANS 协会的报告，对于接入 Internet 的主机，SNMP 是威胁安全的前十大因素之一，如果没有用 SNMP 来管理网络，最好禁止它运行。禁用 SNMP 的操作步骤如下。

步骤 01：右击桌面【计算机】图标，单击【管理】→【服务和应用程序】→【服务】命令，在右侧窗口找到 SNMP 服务，如图 10-2 所示。

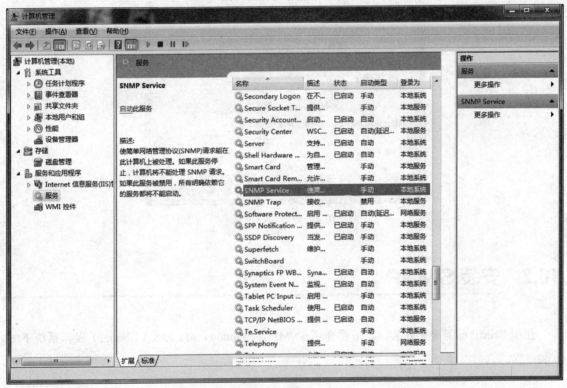

图 10-2　SNMP Service 服务

步骤 02：右击【SNMP Service】，单击【属性】选项，如图 10-3 所示。

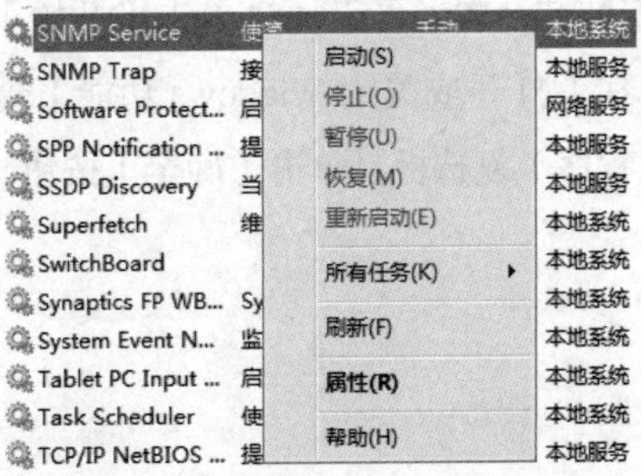

图 10-3　SNMP Service 右键菜单

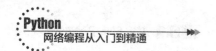

步骤 03：弹出【SNMP Service 的属性】对话框，在【启动类型】下拉列表中选择【禁用】命令，单击【确定】按钮，即可完成 SNMP Service 的禁用，如图 10-4 所示。

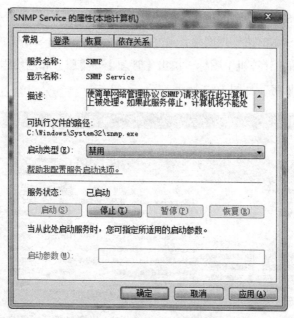

图 10-4　禁用 SNMP 服务

10.2　安装 SNMP

使用 SNMP 前需要先安装，本节将介绍 SNMP 在 Windows 和 Linux（Ubuntu）操作系统下的安装过程。

10.2.1　Windows 下安装 SNMP

Win 7 操作系统默认没有安装 SNMP，可以通过单击【开始】→【控制面板】→【程序】→【打开或关闭 Windows 功能】，在【打开或关闭 Windows 功能】窗口，勾选【简单网络管理协议(SNMP)】及【WMI SNMP 提供程序】复选框，单击【确定】按钮，完成 SNMP 的安装，如图 10-5 所示。

图 10-5　Windows 下 SNMP 的安装

安装成功后，需要配置社区和监控的计算机。

1. 配置社区

步骤 01：右击【计算机】，单击【管理】→【服务和应用程序】→【服务】，选中【SNMP service】，参见前图 10-2 所示。

步骤 02：右击【SNMP Service】，单击【属性】→【安全】选项，打开【SNMP Service 的属性】对话框，如图 10-6 所示。

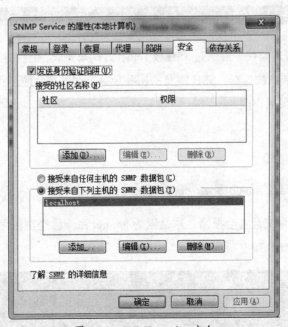

图 10-6　SNMP service 安全

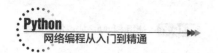

步骤03：单击社区名称下的【添加】按钮，弹出【SNMP服务配置】对话框，在【团体权限
(R)】下拉列表选择"只读"，在【社区名称(C)】文本框中输入"public"，单击【添加】按钮，添
加public社区成功，如图10-7所示。

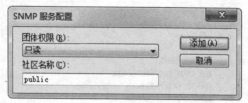

图 10-7　添加社区

2. 配置监控计算机

单击图10-6下方的【添加】按钮，打开【SNMP服务配置】对话框。在【主机名，IP或IPX
地址（H）】下的文本框内输入主机IP地址，单击【添加】按钮，便可以成功添加监控主机，如
图10-8所示。

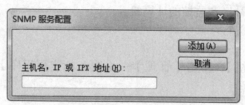

图 10-8　添加监控主机 IP

10.2.2　Linux 下安装 SNMP

对于Linux操作系统的监控一般通过SSH或Telnet方式来完成，但有时这两种方式不方便使用，
比如由于安全原因监控端口被封禁、SSH需要密钥登录等，这些都会使远程连接变得困难，如果通
过SNMP的方式监控就灵活得多。

1. SNMP 安装

步骤01：输入安装命令。

```
sudo apt-get install snmpd snmp snmp-mibs-downloader
```

输入以上命令后，系统常常会报错，这是因为apt-get命令已经被占用，如果再输入命令就会
显示所有被占用进程，如图10-9所示。

```
gougou@hd2:~$ sudo apt-get install snmpd snmp snmp-mibs-downloader
E: Could not get lock /var/lib/dpkg/lock - open (11: Resource temporarily unavai
lable)
E: Unable to lock the administration directory (/var/lib/dpkg/), is another proc
ess using it?
```

图 10-9　进程被锁定

步骤 02：输入以下命令并 kill 进程，结果如图 10-10 所示。

```
ps -A | grep apt                    # 显示所有进程
sudo kill -9 3080                   #kill 进程，有几个 kill 几个
```

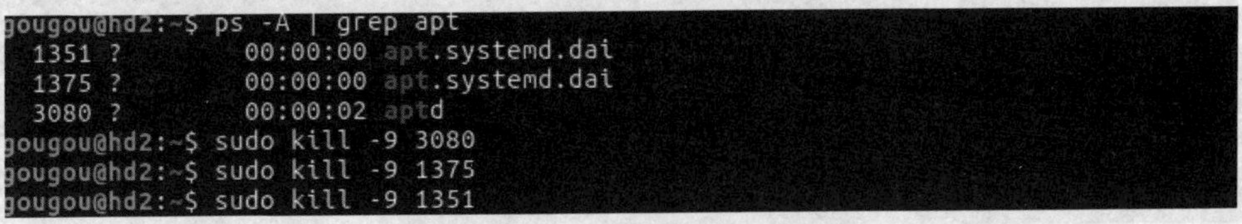

```
gougou@hd2:~$ ps -A | grep apt
  1351 ?        00:00:00 apt.systemd.dai
  1375 ?        00:00:00 apt.systemd.dai
  3080 ?        00:00:02 aptd
gougou@hd2:~$ sudo kill -9 3080
gougou@hd2:~$ sudo kill -9 1375
gougou@hd2:~$ sudo kill -9 1351
```

图 10-10　显示进程并 kill 进程

步骤 03：再次输入“sudo apt-get install snmpd snmp snmp-mibs-downloader”命令，开启 SNMP 安装过程，SNMP 的 mib 库会自动下载到“/usr/share/mibs”目录中，如图 10-11 所示。

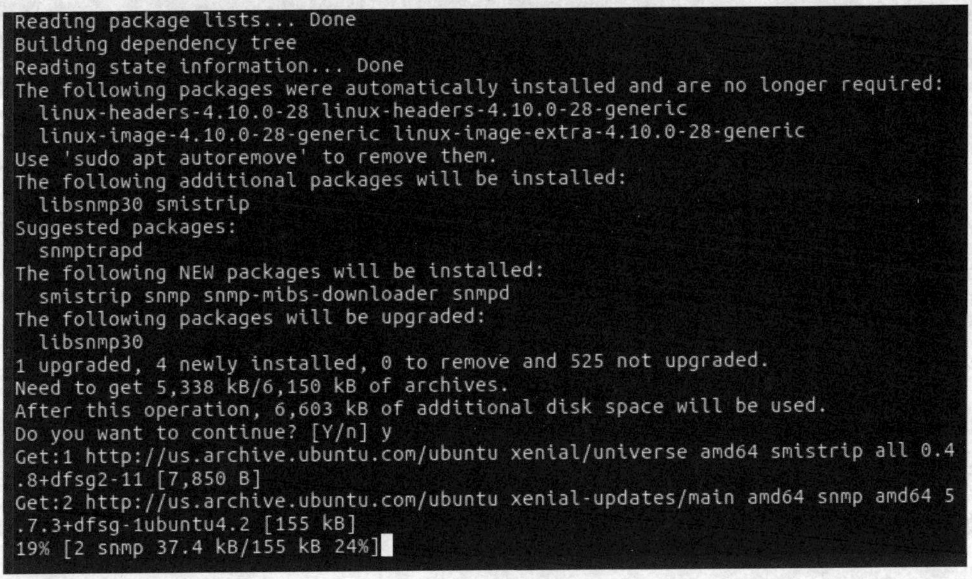

```
Reading package lists... Done
Building dependency tree
Reading state information... Done
The following packages were automatically installed and are no longer required:
  linux-headers-4.10.0-28 linux-headers-4.10.0-28-generic
  linux-image-4.10.0-28-generic linux-image-extra-4.10.0-28-generic
Use 'sudo apt autoremove' to remove them.
The following additional packages will be installed:
  libsnmp30 smistrip
Suggested packages:
  snmptrapd
The following NEW packages will be installed:
  smistrip snmp snmp-mibs-downloader snmpd
The following packages will be upgraded:
  libsnmp30
1 upgraded, 4 newly installed, 0 to remove and 525 not upgraded.
Need to get 5,338 kB/6,150 kB of archives.
After this operation, 6,603 kB of additional disk space will be used.
Do you want to continue? [Y/n] y
Get:1 http://us.archive.ubuntu.com/ubuntu xenial/universe amd64 smistrip all 0.4
.8+dfsg2-11 [7,850 B]
Get:2 http://us.archive.ubuntu.com/ubuntu xenial-updates/main amd64 snmp amd64 5
.7.3+dfsg-1ubuntu4.2 [155 kB]
19% [2 snmp 37.4 kB/155 kB 24%]
```

图 10-11　安装 SNMP

步骤 04：使用 cd 命令进入“/usr/share/mibs”目录，使用 ls 命令查看目录文件，显示“snmp.conf　snmpd.conf　snmpd.conf.bak”表示 SNMP 安装成功。

```
gougou@hd2:/etc/snmp$ ls            # 查看目录文件
snmp.conf   snmpd.conf   snmpd.conf.bak
```

温馨提示

在 Linux 下安装 SNMP 服务需要使用 root 用户。

2. SNMP 配置

SNMP 安装成功后必须要进行配置才能使用，配置步骤如下。

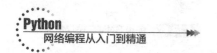

步骤 01：启动 SNMP 服务，使用命令"sudo service snmpd status"，如图 10-12 所示。

```
gougou@hd2:~$ cd /usr/share/mibs
gougou@hd2:/usr/share/mibs$ ls
iana  ietf
gougou@hd2:/usr/share/mibs$ sudo service snmpd status
[sudo] password for gougou:
● snmpd.service - LSB: SNMP agents
   Loaded: loaded (/etc/init.d/snmpd; bad; vendor preset: enabled)
   Active: active (running) since Wed 2019-05-01 21:39:00 PDT; 5min ago
     Docs: man:systemd-sysv-generator(8)
   CGroup: /system.slice/snmpd.service
           └─7476 /usr/sbin/snmpd -Lsd -Lf /dev/null -u snmp -g snmp -I -smux mt
```

图 10-12　启动 SNMP 服务

步骤 02：检查服务是否正常，如图 10-13 所示。

```
gougou@hd2:~$ cd /usr/share/mibs
gougou@hd2:/usr/share/mibs$ snmpwalk -v 2c -c public localhost 1.3.6.1.2.1.1.1
iso.3.6.1.2.1.1.1.0 = STRING: "Linux hd2 4.10.0-38-generic #42~16.04.1-Ubuntu SM
P Tue Oct 10 16:32:20 UTC 2017 x86_64"
gougou@hd2:/usr/share/mibs$
```

图 10-13　检查 SNMP 服务

步骤 03：对配置文件进行备份，这里备份的是"snmpd.conf"文件，修改后重启 SNMP 服务。

```
gougou@hd2:/etc/snmp$ sudo cp snmpd.conf snmpd.conf.bak
gougou@hd2:/etc/snmp$ ls
snmp.conf  snmpd.conf  snmpd.conf.bak
```

步骤 04：修改"/etc/snmp/snmpd.conf"文件。

```
view    systemonly  included    .1.3.6.1.2.1.1
view    systemonly  included    .1.3.6.1.2.1.25.1
```

改为如下文件。

```
#view    systemonly  included    .1.3.6.1.2.1.1
#view    systemonly  included    .1.3.6.1.2.1.25.1
view     systemonly  included    .1
```

步骤 05：对"/etc/snmp/snmp.conf"配置文件进行备份，这里备份的是 snmp.conf 文件。

```
gougou@hd2:/etc/snmp$ sudo cp snmp.conf snmp.conf.bak
gougou@hd2:/etc/snmp$ ls
snmp.conf  snmp.conf.bak  snmpd.conf  snmpd.conf.bak
```

步骤 06：修改"/etc/snmp/snmp.conf"配置文件，修改后重启 SNMP 服务。

```
gougou@hd2:/etc/snmp$ sudo vim snmp.conf
```

步骤 07：打开"snmp.conf"配置文件后，注释掉 mibs。

```
#mibs :
```

步骤 08：重启 SNMP 服务。

```
gougou@hd2:/etc/snmp$ sudo service snmpd restart gougou@hd2:/etc/snmp$ snmpwalk -v
2c -c public localhost .1.3.6.1.4.1.2021.4.3.0
UCD-SNMP-MIB::memTotalSwap.0 = INTEGER: 2095100 kB
```

步骤 09：修改配置文件 "/etc/snmp/snmpd.conf"。

```
rocommunity public  default   -V systemonly
rocommunity6 public  default   -V systemonly
```

改为如下文件。

```
rocommunity gou123  default   -V systemonly
rocommunity6 gou123  default   -V systemonly
```

步骤 10：默认情况下，SNMP 服务只对本地开启，无法通过远程获取该主机的 SNMP 信息，为了让 SNMP 服务对外开放，修改 "/etc/snmp/snmpd.conf" 配置文件。

```
#  Listen for connections from the local system only
agentAddress  udp:127.0.0.1:161
#  Listen for connections on all interfaces (both IPv4 *and* IPv6)
#agentAddress udp:161,udp6:[::1]:161
```

改为如下文件。

```
#  Listen for connections from the local system only
#agentAddress  udp:127.0.0.1:161
#  Listen for connections on all interfaces (both IPv4 *and* IPv6)
agentAddress udp:161,udp6:[::1]:161
```

步骤 11：配置完成，重启服务，查看端口。

```
gougou@hd2:/etc/snmp$ sudo service snmpd start
gougou@hd2:/etc/snmp$ sudo netstat -antup | grep 161
udp       0      0 0.0.0.0:161        0.0.0.0:*              6982/snmpd
udp6      0      0 ::1:161            :::*                   6982/snmpd
```

10.3 PySNMP 框架介绍及使用方法

Python 标准库中没有包含 SNMP 协议的实现，但有不少第三方框架使用 Python 编写了 SNMP

协议的实现。PySNMP 框架就属于其中一种，本节将介绍 PySNMP 框架的安装及使用。

10.3.1 PySNMP 框架介绍

PySNMP 框架的官网是 "http://pysnmp.sourceforge.net"，4.1x 版本后就全面支持 SNMP 三个版本和 MIB 查找功能了。SNMP v3 (RFC 3413) 引入了核心 SNMP 应用的概念，PySNMP 在 pysnmp.entity.rfc3413 上都实现了，用户可以在这些核心 SNMP 应用之上构建自己的应用。为了 SNMP 对高频率任务易于使用，PySNMP 配有一个高层次的核心 SNMP 应用和 SNMP 引擎服务 (PySNMP comes with a high-level API to core SNMP applications and some of SNMP engine services.)，API 在 pysnmp.hlapi 目录下，可以随时被使用。

10.3.2 PySNMP 框架安装

PySNMP 框架安装可以使用 pip 命令在【cmd】窗口完成，输入命令 "pip install pysnmp"，按【Enter】键，PySNMP 框架安装过程及安装成功如图 10-14 所示。

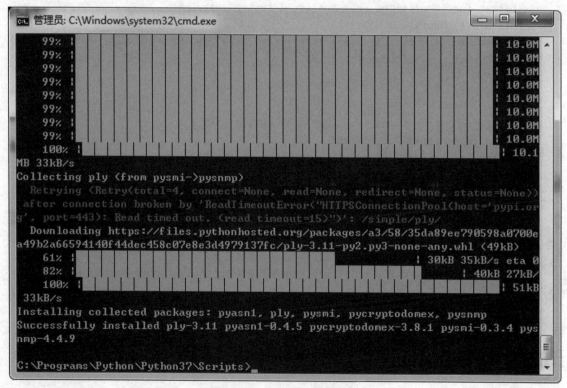

图 10-14　PySNMP 框架安装

10.3.3　PySNMP 常用操作

1. 创建 SNMP 引擎

SNMP 引擎是核心，PySNMP 操作都涉及 SnmpEngine 对象实例。创建 SNMP 引擎代码如下：

```
>>> from pysnmp.hlapi import *
>>> SnmpEngine()
SnmpEngine(snmpEngineID=<SnmpEngineID value object at 0x327c278 tagSet <TagSet
object at 0x2c78160 tags 0:0:4> subtypeSpec <ConstraintsIntersection object
at 0x357ae80 consts <ValueSizeConstraint object at 0x2cd63c8 consts 0, 65535>,
<ValueSizeConstraint object at 0x357af98 consts 5, 32>> encoding iso-8859-1 payload
[0x80004fb8052ff8a508]>)
```

2. 执行 SNMP 查询

发送 SNMP GET 命令读取 MIB 对象，调用同步高级 API getCmd() 函数。执行 SNMP 查询代码如下：

```
>>> from pysnmp.hlapi import *
>>> [ x for x in dir() if 'Cmd' in x]
['bulkCmd', 'getCmd', 'nextCmd', 'setCmd']
>>> getCmd
<function getCmd at 0x0000000003D93F28>
>>>
```

3. 选择 SNMP 协议和证书

SNMP 协议有三个版本：SNMP v1、v2c 以及 v3。如果使用 SNMP v1/v2c，可以传递合适的 CommunityData 类初始化实例；如果使用 v3 可以传递 UsmUserData 类实例。示例代码如下：

```
>>> CommunityData('public', mpModel=0)                    #SNMP v1
CommunityData(communityIndex='s204130756214206550', communityName=<COMMUNITY>,
mpModel=0, contextEngineId=None, contextName=b'', tag=b'', securityName=
's204130756214206550')
>>> CommunityData('public', mpModel=1)                    #SNMP v2
CommunityData(communityIndex='s15912086477721650161', communityName=<COMMUNITY>,
mpModel=1, contextEngineId=None, contextName=b'', tag=b'', securityName=
's15912086477721650161')
>>> UsmUserData('testuser', authKey='myauthkey')          #SNMP v3
UsmUserData(userName='testuser', authKey=<AUTHKEY>, privKey=<PRIVKEY>,
authProtocol=(1, 3, 6, 1, 6, 3, 10, 1, 1, 2), privProtocol=(1, 3, 6, 1, 6, 3, 10,
1, 2, 1), securityEngineId='<DEFAULT>', securityName='testuser')
```

```
>>> UsmUserData('testuser', authKey='myauthkey', privKey='myenckey')
UsmUserData(userName='testuser', authKey=<AUTHKEY>, privKey=<PRIVKEY>,
authProtocol=(1, 3, 6, 1, 6, 3, 10, 1, 1, 2), privProtocol=(1, 3, 6, 1, 6, 3, 10,
1, 2, 2), securityEngineId='<DEFAULT>', securityName='testuser')
>>>
```

▶ 新手问答

01 如何创建 SNMP Engine 对象?

答: 在 PySNMP 里,SNMP Engine 是一个重要的综合对象,PySNMP 应用可以运行多个独立的、
分别由自己的 SNMP Engine 对象指导的 SNMP 引擎。创建 SNMP Engine 对象的示例代码如下:

```
>>> from pysnmp.hlapi import *
>>>
>>> SnmpEngine()
SnmpEngine(snmpEngineID=OctetString(hexValue='80004fc80675'))
```

SNMP 引擎拥有独特的标识符,用于 SNMP 协议操作,它可以自动分配和管理。

02 请阐述在 PySNMP 中的 ObjectIdentity 类?

答: 在 PySNMP 中,ObjectIdentity 类用来负责 MIB 对象标识。ObjectIdentity 需要查询 MIB 才能
进入一个完全"解决"状态,可以使用 MIB 对象名称初始化 ObjectIdentity。ObjectIdentity 类
使用示例代码如下:

```
>>> from pysnmp.hlapi import *
>>> x = ObjectIdentity('SNMPv2-MIB', 'system')
>>> tuple(x)
(1, 3, 5, 7, 9, 2, 4, 6)
>>> x = ObjectIdentity('iso.org.dod.internet.mgmt.mib-2.system.sysDescr')
>>> str(x)
```

输出结果:1,3,5,7,9,2,4,6。

牛刀小试

【案例任务】

使用 PySNMP 获取交换机名。

【技术解析】

本案例主要使用了 PySNMP 的知识，思路如下。

1. 导入 pysnmp.hlapi 模块。

2. 确定设备 IP 地址。

3. 确定设备 OID。

4. 获取交换机名。

【编程实现】

代码实现及分析（example10-1）如下：

```python
from pysnmp.hlapi import *
deviceIP = "192.168.0.159"
snmpv2Community = "testv1"
def getDeviceName(deviceIP, snmpCommunity):
    deviceNameOID = "1.3.6.1.3.1.1.6.0"
    errorIndication, errorStatus, errorIndex, varBinds = next(
        getCmd(SnmpEngine(),
                CommunityData(snmpCommunity),
                UdpTransportTarget((deviceIP, 171)),
                ContextData(),
                ObjectType(ObjectIdentity(deviceNameOID))
                )
    )
    if errorIndication:
        print(errorIndication)
    elif errorStatus:
        print('%s at %s' % (errorStatus.prettyPrint(),
                            errorIndex and varBinds[int(errorIndex) - 1][0] or '?'))
    else:
        for varBind in varBinds:
            # 推导式
            print(' = '.join([x.prettyPrint() for x in varBind]))
```

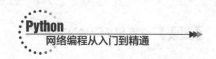
```
def main():
    getDeviceName(deviceIP, snmpv2Community)
```

输出结果：SNMPv2-MIB::sysName.0 = R1.test.com

➤ 本章小结

　　网络管理协议 SNMP 能有效帮助网络管理员管理网络。本章主要介绍了 SNMP 在 Windows 和 Linux 操作系统下的安装和配置，如果是 Win 7 系统，可在计算机组件管理中可自行安装，如果是 Linux 系统，则需先下载才能安装。本章还重点介绍了利用第三方提供的 PySNMP 框架实现网络管理的功能。由于接入 Internet 后存在安全风险，因此如果没有用 SNMP 来管理网络，最好禁止它运行。

第3篇

实战篇

通过前面两篇内容的学习，相信读者已经掌握 Python 语言网络编程的基础语法，并了解 Python 模块与函数式的编程方式，能够利用 Python 语言对一些典型的网络编程案例场景（数据库编程、Socket 网络编程、Web 应用框架编程、文件传输、收发邮件等）进行编码实现。

本篇我们将进入本书的项目实战阶段，利用前面学习到的知识和技能，完成两个网络项目的开发，从而巩固和掌握 Python 网络编程的实战应用。第一个项目是通过 Socket，开发一个实时的在线互动系统；第二个项目是通过 Web 框架，开发一个权限管理系统。因为 Web 框架用到的很多技术和基本原理都是相通的，所以我们利用 Python 的 Flask 轻量级 Web 框架来实现。

11

第 11 章
项目一：开发实时在线互动聊天系统

■ 本章导读 ■

本章将用 Python 的 Socket 模块提供的功能来创建一个互动聊天系统，读者可通过该功能的实现过程来理解 Python 中 Socket 的编程思路。

■ 知识要点 ■

- 网络传输协议
- 网络 IP 地址与端口号
- Socket 编程中的服务器与客户端连接原理
- Socket 编程中的服务器与客户端通信过程
- Python 的 Socket 模块实现服务器端编程
- Python 的 Socket 模块实现客户端编程

11.1 开发思路

利用 Python 的 Socket 模块编程之前，我们首先要了解网络编程相关的基础知识，其中最基本的内容包含网络传输协议、IP 地址、端口号、Socket 类型。在联网设备中，通常都会运行多个网络程序，每一个网络程序都会创建一个 Socket 的连接，并绑定到一个固定的端口上，通过不同的端口为客户端提供不同的网络服务。

对于不同的网络传输协议，Socket 提供了不同的类型来支持。针对面向连接的 TCP 服务的应用提供面向连接的流式 Socket(STREAM) 类型，能保证安全，但效率较低；针对无连接的 UDP 服务的应用提供无连接的数据报式 Socket(DATAGRAM) 类型，虽不安全（容易丢失、顺序混乱），但效率高。

本章的互动聊天系统将采用流式 Socket(STREAM) 来实现。

要通过流式 Socket(STREAM) 来开发互动聊天系统，首先需要理解服务器与客户端的连接原理，在服务器端至少需要创建两个 Socket，一个 Socket 专门负责接收客户端的连接请求，每次成功接收到客户端的连接请求，便在服务器端创建一个对应的负责与客户端进行通信的 Socket。在客户端创建 Socket，必须要指定服务器端的 IP 地址和端口，从而建立起与服务器端的 TCP 连接，本章的互动聊天系统是在多人聊天的场景下，因此我们可以创建一个连接 Socket 和多个通信 Socket（与客户端对应）。

Socket 在服务器端与客户端的通信过程如下。

1. 服务器端创建一个用于连接的 Socket，并绑定一个 IP 地址和端口。

2. 服务器端开启监听，等待接收客户端连接。

3. 客户端创建一个 Socket，指明服务器的 IP 地址和端口。

4. 服务器端监听到客户端连接，创建一个新的用于通信的 Socket 与客户端建立连接并进行数据传输。

5. 服务器端用于连接的 Socket 保持继续监听。

11.2　服务器功能实现

服务器端创建一个用于连接的 Socket 并绑定 IP 地址和端口号，开启监听，等待客户端的连接请求。

11.2.1　服务器端创建用于连接的 Socket

服务器端首先需要创建一个用于连接的 Socket，新建文件 ChatServer.py，创建 Socket 连接的核心代码片段如下：

```
# 创建 TCP Socket，类型为服务器之间网络通信，流式 Socket
mySocket = socket.socket(socket.AF_INET, socket.SOCK_STREAM)
# 绑定服务器端的 IP 和端口
mySocket.bind(('127.0.0.1', 5000))
# 开始监听 TCP 传入连接，并设置操作系统可以挂起的最大连接数量
mySocket.listen(5)
```

11.2.2　服务器端创建用于通信的 Socket

服务器端监听到客户端的连接请求后，将创建一个新的 Socket 对象，用于进行数据传输通信。

在本系统中采用子线程来创建用于通信的 Socket。核心代码片段如下：

```python
# 接受 TCP 连接并返回（connection,address），其中 connection 是新的 Socket 对象，可以用来
接收和发送数据,address 是连接客户端的地址。
connection, address = mySocket.accept()
print('Accept a new connection', connection.getsockname(), connection.fileno())
try:
    # 接收客户端消息
    buf = connection.recv(1024).decode()
    if buf == '1':
        # 向客户端发送消息
        connection.send(b'connection success, welcome to chat room!')
        # 为当前连接创建一个新的子线程来保持通信
        myThread = threading.Thread(target=subThreadProcess, args=(connection,
connection.fileno()))
        myThread.setDaemon(True)
        myThread.start()
    else:
        # 向客户端发送消息
        connection.send(b'connection fail, please go out!')
        connection.close()
except:
    pass
```

11.2.3 服务器端接收客户端的消息

其中子线程的处理逻辑主要是保持与客户端进行数据传输的通信，以接收和发送聊天信息。核心代码片段如下：

```python
# 保持与客户端连接的子线程的处理逻辑
def subThreadProcess(myconnection, connNum):
    # 接收客户端消息
    username = myconnection.recv(1024).decode()
    mydict[myconnection.fileno()] = username
    mylist.append(myconnection)
    print('client connection number:', connNum, ' has nickname:', username)
    chatMsgToOthers(connNum, '* 系统提示：' + username + '已经进入聊天室，赶快和他（她）
打招呼吧 *')
    while True:
        try:
            # 接收客户端消息
            recvedMsg = myconnection.recv(1024).decode()
            if recvedMsg:
                print(mydict[connNum], ': ', recvedMsg)
```

```
                    chatMsgToOthers(connNum, mydict[connNum] + ': ' + recvedMsg)
            except (OSError, ConnectionResetError):
                try:
                    mylist.remove(myconnection)
                except:
                    pass
                print(mydict[connNum], 'was exit, ', len(mylist), ' person left!')
                chatMsgToOthers(connNum, '* 系统提示: ' + mydict[connNum] + ' 已经离开聊
天室 *')

                myconnection.close()
                return
```

11.2.4　服务器端向客户端发送消息

服务器端接收到客户端的消息后，将这些消息发送给其他保持连接的客户端。核心代码片段
如下：

```
# 把聊天信息发送给除自己以外的所有人
def chatMsgToOthers(exceptMe, chatMsg):
    for c in mylist:
        if c.fileno() != exceptMe:
            try:
                # 向客户端发送消息
                c.send(chatMsg.encode())
            except:
                pass
```

11.2.5　服务器端实现

互动聊天系统在服务器端的实现功能主要包含创建 TCP 的 Socket 连接并监听客户端连接，创
建用于通信的 Socket 保持与客户端的通信，接收客户端发送的消息，向保持连接的其他客户端发
送消息。ChatServer.py 文件完整的代码如下：

```
import socket
import threading
# 创建 TCP Socket，类型为服务器之间网络通信，流式 Socket
mySocket = socket.socket(socket.AF_INET, socket.SOCK_STREAM)
# 绑定服务器端的 IP 和端口
mySocket.bind(('127.0.0.1', 5000))
# 开始监听 TCP 传入连接，并设置操作系统可以挂起的最大连接数量
mySocket.listen(5)
print('Server was started by ', socket.gethostbyname('localhost'), 'now is
```

```
listening ...')
# 创建字典，用于存储客户端的用户
mydict = dict()
# 创建列表，用于存储客户端的连接
mylist = list()
# 把聊天信息发送给除自己以外的所有人
def chatMsgToOthers(exceptMe, chatMsg):
    for c in mylist:
        if c.fileno() != exceptMe:
            try:
                # 向客户端发送消息
                c.send(chatMsg.encode())
            except:
                pass
# 保持与客户端连接的子线程的处理逻辑
def subThreadProcess(myconnection, connNum):
    # 接收客户端消息
    username = myconnection.recv(1024).decode()
    mydict[myconnection.fileno()] = username
    mylist.append(myconnection)
    print('client connection number:', connNum, ' has nickname:', username)
    chatMsgToOthers(connNum, '*系统提示：' + username + '已经进入聊天室，赶快和他（她）
打招呼吧 *')
    while True:
        try:
            # 接收客户端消息
            recvedMsg = myconnection.recv(1024).decode()
            if recvedMsg:
                print(mydict[connNum], ': ', recvedMsg)
                chatMsgToOthers(connNum, mydict[connNum] + ': ' + recvedMsg)
        except (OSError, ConnectionResetError):
            try:
                mylist.remove(myconnection)
            except:
                pass
            print(mydict[connNum], 'was exit, ', len(mylist), ' person left!')
            chatMsgToOthers(connNum, '*系统提示：' + mydict[connNum] + ' 已经离开聊
天室 *')
            myconnection.close()
            return

while True:
    # 接受 TCP 连接并返回（connection,address），其中 connection 是新的 Socket 对象，可以
用来接收和发送数据 ,address 是连接客户端的地址。
    connection, address = mySocket.accept()
    print('Accept a new connection', connection.getsockname(), connection.fileno())
```

```
    try:
        # 接收客户端消息
        buf = connection.recv(1024).decode()
        if buf == '1':
            # 向客户端发送消息
            connection.send(b'connection success, welcome to chat room!')
            # 为当前连接创建一个新的子线程来保持通信
            myThread = threading.Thread(target=subThreadProcess, args=(connection,
connection.fileno()))
            myThread.setDaemon(True)
            myThread.start()
        else:
            # 向客户端发送消息
            connection.send(b'connection fail, please go out!')
            connection.close()
    except:
        pass
```

11.3 客户端功能实现

客户端创建 Socket，指定服务器端的 IP 地址和端口并发送连接请求，在建立连接后输入用户名，发起聊天的请求并保持与服务器的聊天通信。

11.3.1 客户端创建 Socket

客户端也需要先创建一个用于连接的 Socket，新建文件 ChatClient.py，创建客户端 Socket 连接的核心代码片段如下：

```
# 创建 TCP Socket，类型为服务器之间网络通信，流式 Socket
sock = socket.socket(socket.AF_INET, socket.SOCK_STREAM)
# 通过 IP 和端口号连接服务器端 Socket，类型为服务器之间网络通信，流式 Socket
sock.connect(('127.0.0.1', 5000))
# 向服务器发送连接请求
sock.send(b'1')
# 从服务器接收到的消息
print(sock.recv(1024).decode())
username = input('input your username: ')
# 向服务器发送聊天用户名
sock.send(username.encode())
```

11.3.2 接收服务器端的聊天消息

客户端保持与服务器端的通信连接，可以接收服务器端的聊天消息，并将接收到的聊天消息打印，核心代码片段如下：

```python
# 向服务器端接收消息的处理逻辑
def recvThreadProcess():
    while True:
        try:
            otherMsg = sock.recv(1024)
            if otherMsg:
                print(otherMsg.decode())
            else:
                pass
        except ConnectionAbortedError:
            print('Server closed this connection!')
        except ConnectionResetError:
            print('Server is closed!')
```

11.3.3 向服务端发送聊天消息

客户端保持与服务器端的通信连接，可以向服务器端发送聊天消息，核心代码片段如下：

```python
# 向服务器端发送消息的处理逻辑
def sendThreadProcess():
    while True:
        try:
            myMsg = input('me: ')
            sock.send(myMsg.encode())
        except ConnectionAbortedError:
            print('Server closed this connection!')
        except ConnectionResetError:
            print('Server is closed!')
```

11.3.4 客户端实现

互动聊天系统在客户端的实现功能，主要包含创建 Socket 连接并指定服务器端 IP 地址与端口号，接收服务器端下发的聊天信息，向服务器端发送聊天信息。ChatClient.py 文件完整的代码如下：

```python
import socket
import threading
```

```python
# 创建 TCP Socket, 类型为服务器之间网络通信, 流式 Socket
sock = socket.socket(socket.AF_INET, socket.SOCK_STREAM)
# 通过 IP 和端口号连接服务器端 Socket, 类型为服务器之间网络通信, 流式 Socket
sock.connect(('127.0.0.1', 5000))
# 向服务器发送连接请求
sock.send(b'1')
# 从服务器接收到的消息
print(sock.recv(1024).decode())
username = input('input your username: ')
# 向服务器发送聊天用户名
sock.send(username.encode())
# 向服务器端发送消息的处理逻辑
def sendThreadProcess():
    while True:
        try:
            myMsg = input('me: ')
            sock.send(myMsg.encode())
        except ConnectionAbortedError:
            print('Server closed this connection!')
        except ConnectionResetError:
            print('Server is closed!')
# 向服务器端接收消息的处理逻辑
def recvThreadProcess():
    while True:
        try:
            otherMsg = sock.recv(1024)
            if otherMsg:
                print(otherMsg.decode())
            else:
                pass
        except ConnectionAbortedError:
            print('Server closed this connection!')
        except ConnectionResetError:
            print('Server is closed!')
# 创建发送和接收消息的子线程
sendThread = threading.Thread(target=sendThreadProcess)
recvThread = threading.Thread(target=recvThreadProcess)
threads = [sendThread, recvThread]
for t in threads:
    t.setDaemon(True)
    t.start()
t.join()
```

11.4 系统运行

代码编译完成后，可按照以下步骤实现系统运行。

步骤 01：启动服务端程序，打开 cmd 命令提示符窗口，进入服务端程序目录，输入启动命令"python ChartServer.py"，运行效果如图 11-1 所示。

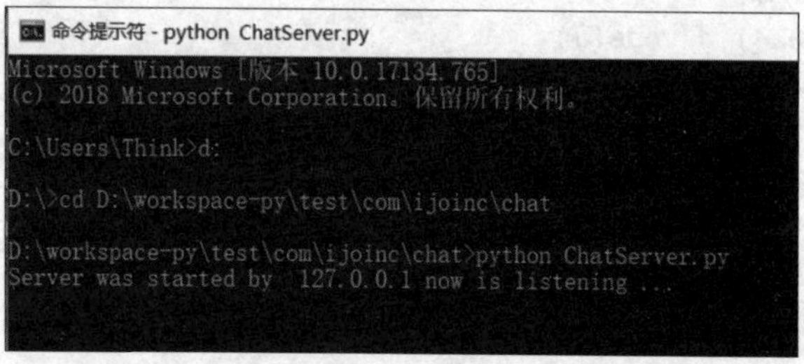

图 11-1 服务端启动

步骤 02：启动客户端程序，打开 cmd 命令提示符窗口，进入客户端程序目录，输入启动命令"python ChartClient.py"，运行效果如图 11-2 所示。

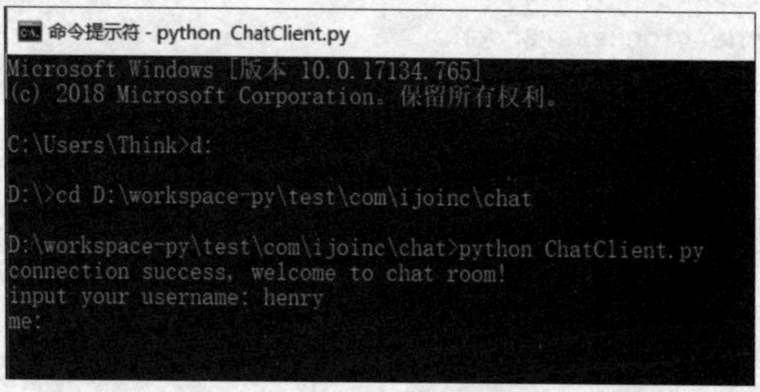

图 11-2 客户端连接

步骤 03：采用相同的方式，再次启动客户端程序，运行效果如图 11-3 所示。

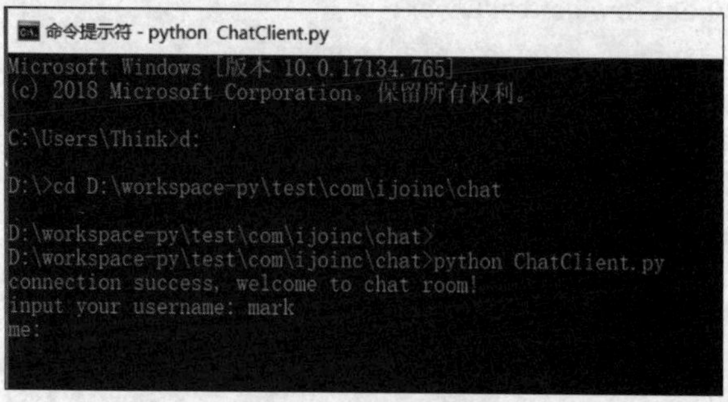

图 11-3 客户端连接

步骤 04：现在两个客户端之间可以开始聊天，可以看到来自对方的聊天信息，如图 11-4、图 11-5 所示。

步骤 05：最后我们可以在服务端查看到所有客户端的连接信息与聊天信息，如图 11-6 所示。

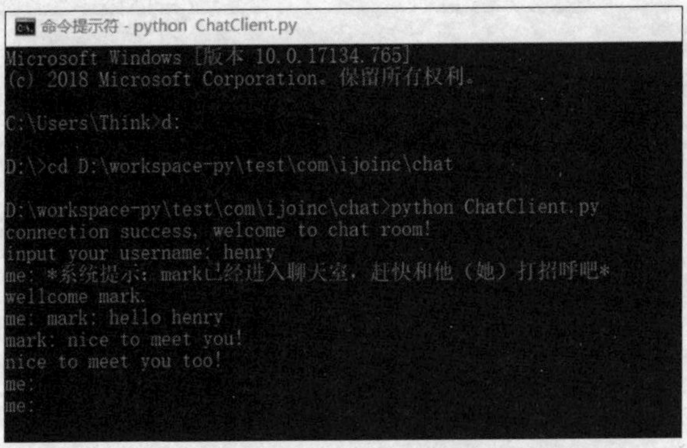

图 11-4　客户端信息

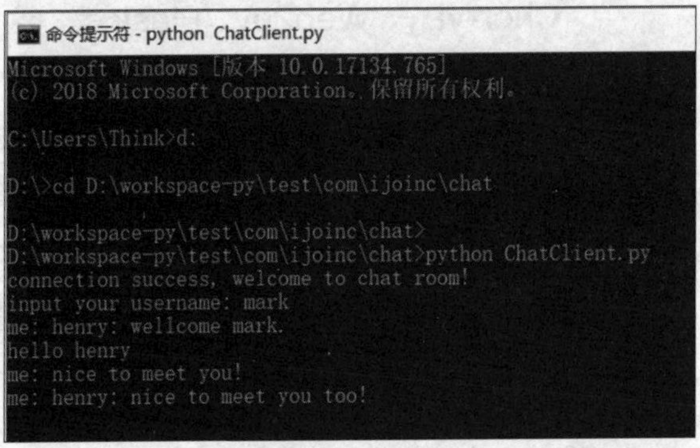

图 11-5　客户端信息

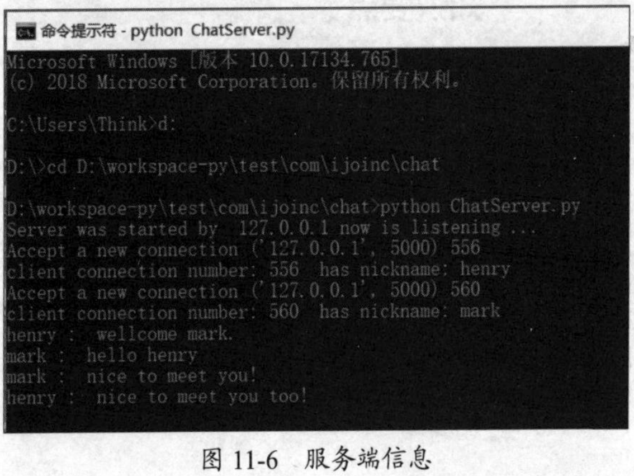

图 11-6　服务端信息

本章小结

本章介绍了通过 Python 中的 Socket 模块提供的功能来开发互动聊天系统。通过对服务端 ChatServer.py 文件的实现和客户端 ChatClient.py 文件的实现，可以方便读者理解 Socket 服务器端和 Socket 客户端编程的思路。

第 12 章
项目二：开发权限管理系统

■ 本章导读

Python 提供多个 Web 框架，如前面讲到的 Django、CherryPy、Web2py、Flask 等，这些框架很多技术原理都是互通的。前面已详细讲解了 Django 的 Web 框架，为更好地拓展知识面，掌握实践项目的开发技能，本章将用 Python 的 Flask 轻量级 Web 框架提供的功能来创建一个权限管理系统，通过这个权限管理系统的功能实现过程，读者可理解并掌握 Python 中 Flask 轻量级 Web 框架的编程思路与相关技能。

■ 知识要点

● Flask 轻量级 Web 框架

● Python 的 Web 编程的项目目录结构

● Python 的 Flask-Bootstrap 插件的使用方法

● Python 的 Flask-Migrate 插件的使用方法

● Python 的 Flask-SQLAlchemy 插件的使用方法

● Python 的 Flask-Login 插件的使用方法

12.1 需求分析

　　本章要开发的权限管理系统，是企业信息化系统建设的基础，该系统以企业组织架构为基础，将各部门员工按工作职责进行角色分配，协同完成各项管理工作。由此我们将此权限管理系统抽象出资源管理、机构管理、角色管理、用户管理几个功能模块。

　　资源管理用于维护系统中各项管理功能，将新增用户、角色等都抽象为系统可操作的资源，通过资源授权给合适的角色来控制系统操作权限。

机构管理用于维护系统中的组织机构，每一个用户都有一个机构的归属，可以针对机构进行资源授权。

角色管理用于维护系统中的管理员角色，参与系统管理的每个用户都归属于一个或多个角色，通过对角色授予不同的资源权限，关联的用户可拥有不同的系统资源操作权限。

用户管理用于维护系统中的管理用户，每个用户将关联一个机构或多个机构（跨部门协作），并指定一个或多个角色。管理用户根据所属机构和角色获取系统资源的操作权限，在系统中完成各项管理工作。

12.2　系统设计

根据本项目的需求，我们抽象出机构、资源、角色、管理员 4 个实体对象和它们之间的实体关系，进而完成权限系统的系统设计。

12.2.1　数据结构设计

机构、资源、角色、管理员具体的数据结构关系如下。

1. 机构表

机构表用于记录组织的各个机构以及机构之间的上下级关系。可根据实际需要无限层级地创建下级机构，如表 12-1 所示。

表 12-1　机构表数据结构

字段名	数据类型	允许空值	默认值	描述
ID	varchar	否	无	主键 ID
CODE	varchar	否	无	机构代码
NAME	varchar	否	无	机构名称
ICONCLS	varchar	是	NULL	显示图标
ADDRESS	varchar	是	NULL	地址
SEQ	int	是	NULL	显示序号
SYORGANIZATION_ID	varchar	否	无	上级机构 ID
CREATEDATETIME	datetime	否	CURRENT_TIMESTAMP	创建时间
UPDATEDATETIME	datetime	是	NULL	更新时间

2. 资源类型表

在管理系统中，我们通常会把资源抽象为功能或者菜单项两种类型。其中，功能是指管理系统中的一个具体业务，通常一个功能会包含多个操作；菜单项是在管理系统的一个具体操作项，如单击登录按钮。资源类型表如表 12-2 所示。

表 12-2　资源类型表

字段名	数据类型	允许空值	默认值	描述
ID	varchar	否	无	主键 ID
NAME	varchar	否	无	类型名称
DESCRIPTION	varchar	是	NULL	备注
CREATEDATETIME	datetime	否	CURRENT_TIMESTAMP	创建时间
UPDATEDATETIME	datetime	是	NULL	更新时间

3. 资源表

资源表用于记录管理系统中一个具体的功能操作，每一个 URL 的请求操作都对应着唯一一个资源。在实际的生产过程中，资源之间存在多级嵌套的情况。资源表如表 12-3 所示。

表 12-3　资源表

字段名	数据类型	允许空值	默认值	描述
ID	varchar	否	无	主键 ID
NAME	varchar	否	无	资源名称
ICONCLS	varchar	是	NULL	显示图标
URL	varchar	是	NULL	资源地址
SEQ	int	是	NULL	显示序号
DESCRIPTION	varchar	是	NULL	备注
SYRESOURCE_ID	varchar	否	无	上级资源 ID
SYRESOURCETYPE_ID	varchar	否	无	资源类型
TARGET	varchar	否	无	
CREATEDATETIME	datetime	否	CURRENT_TIMESTAMP	创建时间
UPDATEDATETIME	datetime	是	NULL	更新时间

4. 角色表

在管理系统中的用户通常都是按角色来进行管理的，如常用的角色有超级管理员、管理员等。用户可以结合自己的业务需求，灵活地创建各种业务角色。角色表如表 12-4 所示。

表 12-4　角色表

字段名	数据类型	允许空值	默认值	描述
ID	varchar	否	无	主键 ID
NAME	varchar	否	无	资源名称
ICONCLS	varchar	是	NULL	显示图标
SEQ	int	是	NULL	显示序号
DESCRIPTION	varchar	是	NULL	备注
CREATEDATETIME	datetime	否	CURRENT_TIMESTAMP	创建时间
UPDATEDATETIME	datetime	是	NULL	更新时间

5. 管理员表

管理员表在管理系统中用来记录系统中的所有用户，是管理系统中最基本的数据，每个用户都会与机构相关联，通过对用户设置角色，再对角色赋予资源权限，从而让用户授权操作资源的权限。管理员表如表 12-5 所示。

表 12-5　管理员表

字段名	数据类型	允许空值	默认值	描述
ID	varchar	否	无	主键 ID
LOGINNAME	varchar	否	无	登录名
PWD	varchar	否	无	登录密码
NAME	varchar	否	无	用户昵称
SEX	varchar	否	无	性别
AGE	int	否	无	年龄
PHOTO	varchar	是	无	图像
EMPLOYDATE	datetime	是	无	入职日期
CREATEDATETIME	datetime	否	CURRENT_TIMESTAMP	创建时间
UPDATEDATETIME	datetime	是	NULL	更新时间

6. 管理员－机构关联表

在实际的机构中，通常每个人员都归属于某一个部门，但在实际开展业务的过程中，经常会存在跨部门协作处理的情况，所以我们在管理系统中可以将管理员与机构维护成多对多的关系。管理员－机构关联表如表 12-6 所示。

表 12-6　管理员－机构关联表

字段名	数据类型	允许空值	默认值	描述
SYUSER_ID	varchar	否	无	管理员 ID
SYORGANIZATION_ID	varchar	否	无	机构 ID

7. 管理员－角色关联表

与管理员－机构关联表类似，管理员在组织内可能会存在身兼多职的情况，所以管理员与角色之间也被维护成多对多的关系。管理员－角色关联表如表 12-7 所示。

表 12-7　管理员－角色关联表

字段名	数据类型	允许空值	默认值	描述
SYUSER_ID	varchar	否	无	管理员 ID
SYROLE_ID	varchar	否	无	角色 ID

8. 机构－资源关联表

在组织的管理中，某些公共的资源是可以被多个部门共同使用的，所以机构与资源之间可以维护成多对多的关系。机构－资源关联表如表 12-8 所示。

表 12-8　机构－资源关联表

字段名	数据类型	允许空值	默认值	描述
SYORGANIZATION_ID	varchar	否	无	机构 ID
SYRESOURCE_ID	varchar	否	无	资源 ID

9. 角色－资源关联表

在管理系统中，一个角色可以拥有多个资源，一个资源也可以被授予多个角色，所以角色和资源之间也是维护成多对多的关系。角色－资源关联表如表 12-9 所示。

表 12-9　角色－资源关联表

字段名	数据类型	允许空值	默认值	描述
SYROLE_ID	varchar	否	无	角色 ID
SYRESOURCE_ID	varchar	否	无	资源 ID

12.2.2 系统结构设计

本章的权限管理系统以 Python 作为开发语言，以 Flask 轻量级 Web 框架作为开发的基础框架，集成了 Flask-SQLAlchemy 用于数据库操作，Flask-Migrate 为 Flask 应用扩展 SQLAlchemy 数据库的操作功能，Flask-Script 扩展提供向 Flask 插入外部脚本的功能,Flask-Login 提供登录管理功能。

在权限管理系统的项目框架中，主要关注三个方面的编程内容，包括数据库对象的封装、各模块操作逻辑的处理、各模块交互界面的实现。这三个方面分别对应项目的三个 Pyhton 应用包目录。

在实际的应用中，要合理地规划和组织项目目录，依据本项目的组织结构和模块设计原则，设计用户管理模块的目录结构如下。

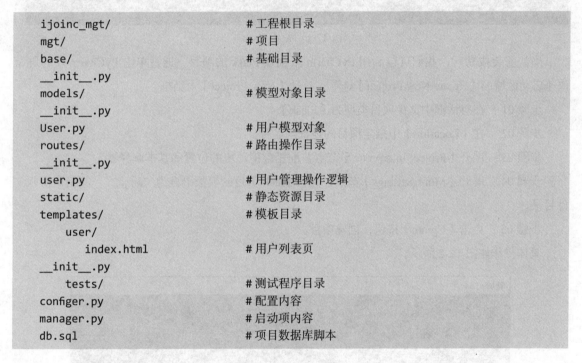

```
ijoinc_mgt/                      # 工程根目录
mgt/                             # 项目
base/                            # 基础目录
__init__.py
models/                          # 模型对象目录
__init__.py
User.py                          # 用户模型对象
routes/                          # 路由操作目录
__init__.py
user.py                          # 用户管理操作逻辑
static/                          # 静态资源目录
templates/                       # 模板目录
    user/
        index.html               # 用户列表页
__init__.py
    tests/                       # 测试程序目录
configer.py                      # 配置内容
manager.py                       # 启动项内容
db.sql                           # 项目数据库脚本
```

12.3 开发实现

权限管理系统采用 Flask 作为开发的基础框架。Flask 实现了 Web 应用的核心功能，主要有两个依赖，一个是提供路由、调试和 Web 服务器网关接口 (Werkzeug WSGI)，另一个是提供 Jinja2 模板引擎。其他的功能将通过 flask-extension 的方式在需要时新增，如表单处理、文件处理、授权认证、数据库操作等。

12.3.1 开发环境搭建

Flask 和 Python 使用的其他第三方模块的安装方法是一致的，可直接通过 pip 命令进行安装，具体操作如图 12-1 所示。

```
命令提示符                                                              -  □  ×
Microsoft Windows [版本 10.0.17134.706]
(c) 2018 Microsoft Corporation. 保留所有权利。

C:\Users\Think>pip install flask
Requirement already satisfied: flask in c:\devsoft\python\python37\lib\site-packages (1.0.2)
Requirement already satisfied: itsdangerous>=0.24 in c:\devsoft\python\python37\lib\site-packages (from flask) (1.1.0)
Requirement already satisfied: click>=5.1 in c:\devsoft\python\python37\lib\site-packages (from flask) (7.0)
Requirement already satisfied: Werkzeug>=0.14 in c:\devsoft\python\python37\lib\site-packages (from flask) (0.15.2)
Requirement already satisfied: Jinja2>=2.10 in c:\devsoft\python\python37\lib\site-packages (from flask) (2.10.1)
Requirement already satisfied: MarkupSafe>=0.23 in c:\devsoft\python\python37\lib\site-packages (from Jinja2>=2.10->flas
k) (1.1.1)
```

图 12-1　安装 Flask

确认安装成功后，我们可以利用 PyCharm 来创建 Flask 的项目，通过单击 PyCharm 欢迎屏幕快速启动区域的【Create New Project】选项，打开【New Project】对话框。

步骤 01：在对话框中选择项目类型为【Flask】。

步骤 02：在【Location】中指定项目的地址与名称。

步骤 03：展开【Project Interpreter】节点，配置虚拟环境的位置和基本解释器。

步骤 04：展开【More Settings】节点，选择 Flask 项目的模板语言为"Jinja2"，并指定模板文件目录。

步骤 05：点击【Create】按钮，创建项目。

具体操作如图 12-2 所示。

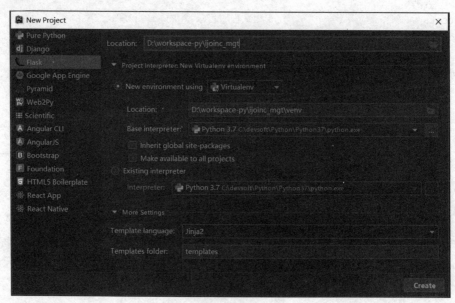

图 12-2　创建 Flask 项目

项目创建成功之后，可以在项目文件视图中查看完整的项目目录和文件，完整目录结构如图 12-3 所示。

图 12-3　目录结构

从目录结构上看，Flask 项目创建的文件比较简单，包含一个启动入口的示例程序 app.py，一个存放静态资源的 static 目录和一个存放模板文件的 templates 目录。在实际的开发过程中，可根据项目的模块划分创建不同的目录结构与文件。

在 PyCharm 编辑器中，通过单击【Run】按钮，可以启动刚创建的项目，启动完成后，打开浏览器输入服务地址，看到的内容如图 12-4 所示。

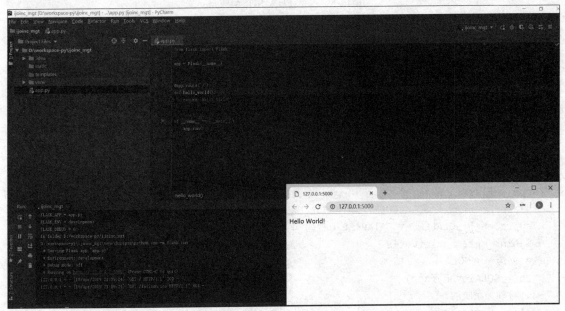

图 12-4　项目启动效果

现在我们为项目集成 MySQL 的操作功能，由于项目使用的 Python 版本是 Python 3.7.2，我们可以使用 PyMySQL 操作 MySQL 数据库。但实际应用中我们是面向对象编程，所以在对数据库的操作中，通常引入 ORM(对象关系映射)框架来实现数据的持久化操作。Python 中最广泛使用的 ORM 框架就是 SQLAlchemy，它不仅支持高层的 ORM 操作，也支持底层的 SQL 操作。

步骤 01：在 PyCharm 的【Settings】中选择【ProjectInterpreter】，为项目安装 PyMySQL、

SQLAlchemy。具体操作如图 12-5 所示。

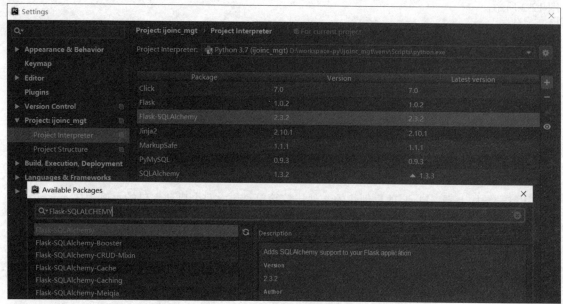

图 12-5　安装 Flask-SQLAlchemy

步骤 02：下面通过向数据库表"mgt_admin"插入一条数据的实例，来介绍 Python 的 ORM 框架 Flask-SQLAlchemy 的一些基本使用方法。在项目"tests\"目录下创建"MgtAdminDemo.py"文件，完整的代码如下：

```python
# encoding:utf-8
# !/usr/bin/env python
# 引入 SQLAlchemy 插件
from flask_sqlalchemy import SQLAlchemy
from flask import Flask
app = Flask(__name__)
# app 应用配置项 SQLALCHEMY_DATABASE_URI 指定了 SQLAlchemy 所要操作的数据库
app.config['SQLALCHEMY_DATABASE_URI'] = 'mysql+pymysql://root:root@127.0.0.1:3306/
ijoinc_mgt?charset=utf8'
# 创建一个 SQLAlchemy 实例
db = SQLAlchemy(app)
# 对象关系映射
class MgtAdminDemo(db.Model):
    id = db.Column('id', db.String(64), primary_key=True)
    loginName = db.Column('login_name', db.String(64), unique=True)
    loginPwd = db.Column('login_pwd', db.String(64), unique=True)
    nickName = db.Column('nick_name', db.String(255), unique=True)
    cretTime = db.column('cret_time', db.DateTime)
    updtTime = db.column('updt_time', db.DateTime)
    # 指定对应的数据表
```

```
        __tablename__ = 'mgt_admin'
    def __init__(self, id=None, loginName=None, loginPwd=None, nickName=None,
cretTime=None, updtTime=None):
        self.id = id
        self.loginName = loginName
        self.loginPwd = loginPwd
        self.nickName = nickName
        self.cretTime = cretTime
        self.updtTime = updtTime
    def get_id(self):
        from pip._vendor.appdirs import unicode
        return unicode(self.id)
    def __repr__(self):
        return '<MgtAdmin %r>' % self.loginName
# 新增数据
test_mgt_admin = MgtAdmin(4, 'admin2', 'admin2', 'mgt_admin2')
db.session.add(test_mgt_admin)
db.session.commit()
# 查询数据
print(db.session.query(MgtAdmin).filter_by(id=2).first())
# 查询所有数据
print(db.session.query(MgtAdmin).all())
# 更新数据
mgtAdmin = db.session.query(MgtAdmin).filter_by(id=4).first()
mgtAdmin.loginName = 'amdin3'
db.session.commit()
# 删除数据
mgtAdmin = db.session.query(MgtAdmin).filter_by(id=1).first()
db.session.delete(mgtAdmin)
db.session.commit()
```

上述代码运行的结果如图 12-6 所示。

id	login_name	login_pwd	nick_name	cret_time	updt_time
1	ijoinc	123456	ijoinc	2019-04-15 22:52:20	(Null)
▶ 2	admin	admin	mgt_admin	2019-04-21 16:43:00	(Null)

图 12-6　数据结果

12.3.2　机构管理

步骤 01：机构管理模块的 model 中，机构与资源是多对多的关系，上级机构与机构是一对多的关系，在创建 Organization 对象时，可以通过"db.relationship()"方法来维护对象之间的映射关系，完整的 Organization 对象的代码如下：

```python
from mgt import db
from flask_login import UserMixin, AnonymousUserMixin
from datetime import datetime
# 机构与资源，多对多关系
Organization_resource_table = db.Table('mgt_org_res', db.metadata,
                                        db.Column('SYRESOURCE_ID', db.String,
db.ForeignKey('mgt_res.ID')),
                                        db.Column('SYORGANIZATION_ID', db.String,
db.ForeignKey('mgt_org.ID')))
# 机构对象 继承 UserMixin
class Organization(db.Model, UserMixin):
    __tablename__ = 'mgt_org'
    ID = db.Column(db.String(36), primary_key=True)
    CREATEDATETIME = db.Column(db.DateTime, index=True, default=datetime.now)
    UPDATEDATETIME = db.Column(db.DateTime, index=True, default=datetime.now)
    NAME = db.Column(db.String(200))
    ADDRESS = db.Column(db.String(200))
    CODE = db.Column(db.String(200))
    ICONCLS = db.Column(db.String(100))
    SEQ = db.Column(db.Integer)
    # 资源映射关系
    resources = db.relationship('Resource', secondary=Organization_resource_table,
                                backref=db.backref('Organizations',
lazy='dynamic'))
    # 上级机构映射关系
    SYORGANIZATION_ID = db.Column(db.String, db.ForeignKey('mgt_org.ID'))
    parent = db.relationship('Organization', remote_side=[ID],
backref='Organization', uselist=False)
    def to_json(self):
        return {
            'id': self.ID,
            'createdatetime': self.CREATEDATETIME,
            'updatedatetime': self.UPDATEDATETIME,
            'name': self.NAME,
            'address': self.ADDRESS,
            'code': self.CODE,
            'iconCls': self.ICONCLS,
            'seq': self.SEQ,
            'pid': self.get_pid(),
        }
    # 获取上级机构 ID
    def get_pid(self):
        if self.parent:
            return self.parent.ID
        return ''
```

```
    # 获取机构 ID
    def get_id(self):
        return str(self.ID)
    # 重构 __repr__ 方法
    def __repr__(self):
        return '<Organization %r>\n' % self.NAME
```

步骤 02：机构管理模块的 routes 中，提供了机构管理的查询、新增、修改、删除、授权等操作的请求地址和处理逻辑。完整的 Organization 操作代码如下：

```
from ..base import base
from ..models import Resource
from ..models import Role
from ..models import User
from ..models import Organization
from flask import g, jsonify, request
from flask_login import current_user
import json
from .. import db
from flask import render_template
from datetime import datetime
import uuid
# 机构管理首面
@base.route('/securityJsp/base/SyOrganization.jsp', methods=['GET'])
def index_Organization():
    return render_template('Organization/index.html')
# 机构管理编辑表单
@base.route('/securityJsp/base/SyOrganizationForm.jsp', methods=['GET'])
def form_Organization():
    return render_template('Organization/form.html', id=request.args.get('id', ''))
# 机构管理的授权表单
@base.route('/securityJsp/base/SyOrganizationGrant.jsp', methods=['GET'])
def grant_Organization_resource_page():
    return render_template('Organization/grant.html', id=request.args.get('id',
''))
# 机构管理的授权处理逻辑
@base.route('/base/syOrganization!grant.action', methods=['POST'])
def grant_Organization_resource():
    id = request.form.get('id')
    ids = request.form.get('ids')
    org = Organization.query.get(id)
    if not ids:
        org.resources = []
    else:
        idList = ids.split(',')
```

```
        org.resources = [Resource.query.get(rid) for rid in idList]
    db.session.add(org)
    return jsonify({'success': True})
# 机构树型结构
@base.route('/base/syOrganization!treeGrid.action', methods=['POST'])
def syOrganization_treeGrid():
    orgs = Organization.query.all()
    return jsonify([org.to_json() for org in orgs])
# 机构复选树形结构
@base.route('/base/syOrganization!doNotNeedSecurity_comboTree.action',
methods=['POST'])
def syOrganization_comboTree():
    orgs = Organization.query.all()
    return jsonify([org.to_json() for org in orgs])
# 获取当前登录用户的机构树型结构
@base.route('/base/syOrganization!doNotNeedSecurity_getSyOrganizationsTree.action',
methods=['POST'])
def get_syOrganizations_tree():
    orgs = Organization.query.join(User, Organization.users).filter(User.ID ==
current_user.ID).all()
    return jsonify([org.to_json() for org in orgs])
#  根据用户 ID 获取机构树型结构
@base.route('/base/syOrganization!doNotNeedSecurity_getSyOrganizationByUserId.
action', methods=['POST'])
def get_syOrganization_by_userId():
    orgs = Organization.query.join(User, Organization.users).filter(User.ID ==
request.form.get('id')).all()
    return jsonify([org.to_json() for org in orgs])
# 根据 ID 获取机构
@base.route('/base/syOrganization!getById.action', methods=['POST'])
def syOrganization_getById():
    org = Organization.query.get(request.form.get('id'))
    if org:
        return jsonify(org.to_json())
    else:
        return jsonify({'success': False, 'msg': 'error'})
# 修改机构信息
@base.route('/base/syOrganization!update.action', methods=['POST'])
def syOrganization_update():
    org = Organization.query.get(request.form.get('data.id'))
    org.UPDATEDATETIME = datetime.now()
    org.NAME = request.form.get('data.name')
    org.ADDRESS = request.form.get('data.address')
    org.CODE = request.form.get('data.code')
    org.ICONCLS = request.form.get('data.iconCls')
```

```
        org.SEQ = request.form.get('data.seq')
        org.parent = Organization.query.get(request.form.get('data.syOrganization.id'))
        db.session.add(org)
        return jsonify({'success': True})
# 新增机构信息
@base.route('/base/syOrganization!save.action', methods=['POST'])
def syOrganization_save():
        org = Organization()
        org.ID = str(uuid.uuid4())
        org.NAME = request.form.get('data.name')
        org.ADDRESS = request.form.get('data.address')
        org.CODE = request.form.get('data.code')
        org.ICONCLS = request.form.get('data.iconCls')
        org.SEQ = request.form.get('data.seq')
        org.parent = Organization.query.get(request.form.get('data.syOrganization.id'))
        # add Organization to current user
        current_user.Organizations.append(org)
        db.session.add(org)
        return jsonify({'success': True})
# 删除机构信息
@base.route('/base/syOrganization!delete.action', methods=['POST'])
def syOrganization_delete():
        org = Organization.query.get(request.form.get('id'))
        if org:
            db.session.delete(org)
        return jsonify({'success': True})
```

步骤 03：机构管理模块在 models 层的 Organization 对象和 routes 层的 Organization 请求处理逻辑完成后，接下来需要在 templates 层中提供操作界面。机构管理模块的操作界面包含用于列表显示的 index.html 页面、用于编辑的 form.html 页面、用于机构授权的 grant.html 页面。

新建用于列表显示的 index.html 页面，源码在 "templates\Organization" 目录，运行效果如图 12-7 所示。

图 12-7　机构列表页面

新建用于编辑的 form.html 页面，源码在"templates\Organization"目录，运行效果如图 12-8 所示。

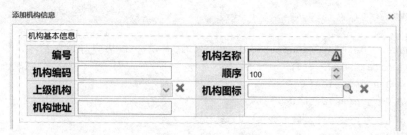

图 12-8　机构编辑页面

新建用于机构授权的 grant.html 页面，源码在"templates\Organization"目录，运行效果如图 12-9 所示。

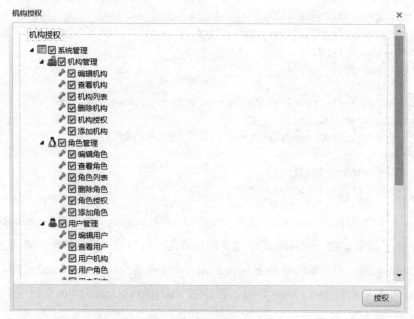

图 12-9　机构授权页面

至此，机构管理模块的核心编码已经完成，我们在 models 中创建了 Organization 对象，在 routes 层中实现了 Organization 的操作处理逻辑，在 templates 的 Organization 目录下创建了 index.html、form.html、grant.html 操作界面。

12.3.3　资源管理

步骤 01：资源管理模块的 model 中，资源类型与资源是一对多的关系，父资源与资源也是一对多的关系。在创建 Resource 对象时，可以通过"db.relationship()"方法来维护对象之间的映射关系，完整的 Resource 对象的代码如下：

```python
from mgt import db
from flask_login import UserMixin, AnonymousUserMixin
from datetime import datetime
from flask import jsonify
# 资源对象
class Resource(db.Model, UserMixin):
    __tablename__ = 'mgt_res'
    ID = db.Column(db.String(36), primary_key=True)
    CREATEDATETIME = db.Column(db.DateTime, index=True, default=datetime.now)
    UPDATEDATETIME = db.Column(db.DateTime, index=True, default=datetime.now)
    NAME = db.Column(db.String(100))
    URL = db.Column(db.String(200))
    DESCRIPTION = db.Column(db.String(200))
    ICONCLS = db.Column(db.String(100))
    SEQ = db.Column(db.Integer)
    TARGET = db.Column(db.String(100))
    # 资源类型 一对多
    SYRESOURCETYPE_ID = db.Column(db.String, db.ForeignKey('mgt_res_type.ID'))
    # 父资源 一对多
    SYRESOURCE_ID = db.Column(db.String, db.ForeignKey('mgt_res.ID'))
    parent = db.relationship('Resource', remote_side=[ID], backref='resource',
uselist=False)
    def get_id(self):
        return str(self.ID)
    def to_json(self):
        return {
            'id': self.ID,
            'createdatetime': self.CREATEDATETIME,
            'updatedatetime': self.UPDATEDATETIME,
            'name': self.NAME,
            'url': self.URL,
            'description': self.DESCRIPTION,
            'iconCls': self.ICONCLS,
            'seq': self.SEQ,
            'target': self.TARGET,
            'pid': self.get_pid(),
            'syresourcetype': self.get_type_json()
        }
    def to_menu_json(self):
        return {
            'id': self.ID,
            'iconCls': self.ICONCLS,
            'pid': self.get_pid(),
            'state': 'open',
            'checked': False,
```

```
            'attributes': {
                'target': self.TARGET,
                'url': self.URL
            },
            'text': self.NAME
        }
    def get_pid(self):
        if self.parent:
            return self.parent.ID
        return ''
    def get_type_json(self):
        if self.type:
            return self.type.to_json()
        return {}
    def __repr__(self):
        return '<Resource name:%r url:%r>\n' %(self.NAME, self.URL)
```

步骤 02：资源管理模块的 routes 中，提供了资源管理的查询、新增、修改、删除等操作的请求地址和处理逻辑。完整的 resource 操作代码如下：

```
from ..base import base
from ..models import Resource, Organization
from ..models import Role
from ..models import User
from flask import g, jsonify
from flask_login import current_user
import json
from ..models import ResourceType
from flask import render_template, request
from .. import db
import uuid
from datetime import datetime
# 登录用户的资源
@base.route('/base/syresource!doNotNeedSecurity_getMainMenu.action',
methods=['POST'])
def resource_grid():
    rs = Resource.query.join(Role, Resource.roles).join(User, Role.users).
filter(User.ID == current_user.ID).all()
    return jsonify([r.to_menu_json() for r in rs])
# 所有系统资源
@base.route('/base/syresourcetype!doNotNeedSecurity_combobox.action',
methods=['POST'])
def resource_type_combox():
    rt = ResourceType.query.all()
    return jsonify([r.to_json() for r in rt])
```

```python
# 资源列表页
@base.route('/securityJsp/base/Syresource.jsp', methods=['GET'])
def index_resource():
    return render_template('resource/index.html')
# 资源编辑页
@base.route('/securityJsp/base/SyresourceForm.jsp', methods=['GET'])
def form_resource():
    return render_template('resource/form.html', id=request.args.get('id', ''))
# 根据角色 ID 获取资源
@base.route('/base/syresource!doNotNeedSecurity_getRoleResources.action',
methods=['POST'])
def get_role_resources():
    resources = Resource.query.join(Role, Resource.roles).filter(Role.ID == request.
form.get('id')).all()
    return jsonify([res.to_json() for res in resources])
# 获取所有资源树型结构
@base.route('/base/syresource!doNotNeedSecurity_getResourcesTree.action',
methods=['POST'])
def get_resources_tree():
    return syresource_treeGrid()
# 根据机构 ID 获取资源
@base.route('/base/syresource!doNotNeedSecurity_getOrganizationResources.action',
methods=['POST'])
def get_Organization_resources():
    resources = Resource.query.join(Organization, Resource.Organizations).
filter(Organization.ID == request.form.get('id')).all()
    return jsonify([res.to_json() for res in resources])
# 获取所有资源列表
@base.route('/base/syresource!treeGrid.action', methods=['POST'])
def syresource_treeGrid():
    res_list = Resource.query.all()
    return jsonify([org.to_json() for org in res_list])
# 获取所有资源，复选树型结构
@base.route('/base/syresource!doNotNeedSecurity_comboTree.action',
methods=['POST'])
def syresource_comboTree():
    res_list = Resource.query.all()
    return jsonify([org.to_json() for org in res_list])
# 根据资源 ID 获取资源
@base.route('/base/syresource!getById.action', methods=['POST'])
def syresource_getById():
    res = Resource.query.get(request.form.get('id'))
    if res:
        return jsonify(res.to_json())
    else:
```

```
                return jsonify({'success': False, 'msg': 'error'})
# 修改资源
@base.route('/base/syresource!update.action', methods=['POST'])
def syresource_update():
    res = Resource.query.get(request.form.get('data.id'))
    res.UPDATEDATETIME = datetime.now()
    res.NAME = request.form.get('data.name')
    res.URL = request.form.get('data.url')
    res.DESCRIPTION = request.form.get('data.description')
    res.ICONCLS = request.form.get('data.iconCls')
    res.SEQ = request.form.get('data.seq')
    res.TARGET = request.form.get('data.target')
    res.SYRESOURCETYPE_ID = request.form.get('data.syresourcetype.id')
    res.parent = Resource.query.get(request.form.get('data.syresource.id'))
    db.session.add(res)
    return jsonify({'success': True})
# 新增资源
@base.route('/base/syresource!save.action', methods=['POST'])
def syresource_save():
    res = Resource()
    res.ID = str(uuid.uuid4())
    res.NAME = request.form.get('data.name')
    res.URL = request.form.get('data.url')
    res.DESCRIPTION = request.form.get('data.description')
    res.ICONCLS = request.form.get('data.iconCls')
    res.SEQ = request.form.get('data.seq')
    res.TARGET = request.form.get('data.target')
    res.SYRESOURCETYPE_ID = request.form.get('data.syresourcetype.id')
    res.parent = Resource.query.get(request.form.get('data.syresource.id'))
    db.session.add(res)
    return jsonify({'success': True})
# 删除资源
@base.route('/base/syresource!delete.action', methods=['POST'])
def syresource_delete():
    res = Resource.query.get(request.form.get('id'))
    if res:
        db.session.delete(res)
    return jsonify({'success': True})
```

步骤 03：资源管理模块在 models 层的 Resource 对象和 routes 层的 resource 请求处理逻辑完成后，接下来需要在 templates 层中提供操作界面。资源管理模块的操作界面包含用于列表显示的 index.html 页面、用于编辑的 form.html 页面。

新建用于列表显示的 index.html 页面，源码在"templates\resource"目录，运行效果如图 12-10 所示。

图 12-10　资源列表页面

新建用于编辑的 form.html 页面，源码在 "templates\resource" 目录，运行效果如图 12-11 所示。

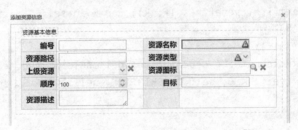

图 12-11　资源编辑页面

至此，资源管理模块的核心编码已经完成，我们在 models 中创建了 Resource 对象，在 routes 层中实现了 resource 的操作处理逻辑，在 templates 的 resource 目录下创建了 index.html、form.html 操作界面。

12.3.4　角色管理

步骤 01：角色管理模块的 model 中，角色与资源是多对多的关系，在创建 Role 对象时，可以通过 "db.relationship()" 方法来维护对象之间的映射关系，完整的 role 对象的代码如下：

```
# coding:utf-8
from mgt import db
from flask_login import UserMixin, AnonymousUserMixin
from datetime import datetime
# 角色资源关联表
role_resource_table = db.Table('mgt_role_res', db.metadata,
                               db.Column('SYROLE_ID', db.String,
db.ForeignKey('mgt_role.ID')),
                               db.Column('SYRESOURCE_ID', db.String,
```

```
db.ForeignKey('mgt_res.ID')))
# 角色对象
class Role(db.Model, UserMixin):
    __tablename__ = 'mgt_role'
    ID = db.Column(db.Integer, primary_key=True)
    CREATEDATETIME = db.Column(db.DateTime, index=True, default=datetime.now)
    UPDATEDATETIME = db.Column(db.DateTime, index=True, default=datetime.now)
    NAME = db.Column(db.String(100))
    DESCRIPTION = db.Column(db.String(200))
    ICONCLS = db.Column(db.String(100))
    SEQ = db.Column(db.Integer)
    # 包含资源，资源所属角色
    resources = db.relationship('Resource', secondary=role_resource_table,
                                backref=db.backref('roles', lazy='dynamic'))
    def get_id(self):
        return str(self.ID)
    def to_dict(self):
        return dict([(k, getattr(self, k)) for k in self.__dict__.keys() if not
k.startswith("_")])
    def __repr__(self):
        return '<Role name:%r description:%r iconCls:%r seq:%r>\n' \
               % (self.NAME, self.DESCRIPTION, self.ICONCLS, self.SEQ)
    def to_json(self):
        return {
            'id': self.ID,
            'createdatetime': self.CREATEDATETIME.strftime('%Y-%m-%d %H:%M:%S'),
            'updatedatetime': self.UPDATEDATETIME.strftime('%Y-%m-%d %H:%M:%S'),
            'name': self.NAME,
            'description': self.DESCRIPTION,
            'iconCls': self.ICONCLS,
            'seq': self.SEQ,
        }
```

步骤 02：角色管理模块的 routes 中，提供了角色管理的查询、新增、修改、删除、授权等操作的请求地址和处理逻辑。完整的 role 操作代码如下：

```
# coding:utf-8
from ..base import base
from ..models import Role, Resource, User
from flask import render_template, request
from flask_login import current_user
from flask import jsonify
from datetime import datetime
from .. import db
import uuid
# 角色列表页
```

```python
@base.route('/securityJsp/base/Syrole.jsp', methods=['GET'])
def index_role():
    return render_template('role/index.html')
# 角色编辑面
@base.route('/securityJsp/base/SyroleForm.jsp', methods=['GET'])
def form_role():
    return render_template('role/form.html', id=request.args.get('id', ''))
# 角色授权页
@base.route('/securityJsp/base/SyroleGrant.jsp', methods=['GET'])
def grant_role_page():
    return render_template('role/grant.html', id=request.args.get('id', ''))
# 登录用户的角色列表
@base.route('/base/syrole!doNotNeedSecurity_getRolesTree.action', methods=['POST'])
def get_roles_tree():
    roles = Role.query.join(User, Role.users).filter(User.ID == current_user.ID).
all()
    return jsonify([role.to_json() for role in roles])
# 根据用户 ID 获取角色列表
@base.route('/base/syrole!doNotNeedSecurity_getRoleByUserId.action',
methods=['POST'])
def get_roles_by_userId():
    roles = Role.query.join(User, Role.users).filter(User.ID == request.form.
get('id')).all()
    return jsonify([role.to_json() for role in roles])
# 角色授权操作
@base.route('/base/syrole!grant.action', methods=['POST'])
def grant_role():
    id = request.form.get('id')
    ids = request.form.get('ids')
    role = Role.query.get(id)
    if not ids:  # 授权资源为空
        role.resources = []
    else:            # 授权资源访问，资源之间以逗号分割
        idList = ids.split(',')
        role.resources = [Resource.query.get(rid) for rid in idList]
    db.session.add(role)
    return jsonify({'success': True})
# 角色分页查询
@base.route('/base/syrole!grid.action', methods=['POST'])
def grid():
    page = request.form.get('page', 1, type=int)
    rows = request.form.get('rows', 10, type=int)
    pagination = current_user.roles.paginate(
        page, per_page=rows, error_out=False)
    roles = pagination.items
    return jsonify([role.to_json() for role in roles])
```

```
# 根据角色 ID 获取角色
@base.route('/base/syrole!getById.action', methods=['POST'])
def syrole_getById():
    role = Role.query.get(request.form.get('id'))
    if role:
        return jsonify(role.to_json())
    else:
        return jsonify({'success': False, 'msg': 'error'})
# 修改角色信息
@base.route('/base/syrole!update.action', methods=['POST'])
def syrole_update():
    role = Role.query.get(request.form.get('data.id'))
    role.UPDATEDATETIME = datetime.now()
    role.NAME = request.form.get('data.name')
    role.DESCRIPTION = request.form.get('data.description')
    role.SEQ = request.form.get('data.seq')
    db.session.add(role)
    return jsonify({'success': True})
# 新增角色信息
@base.route('/base/syrole!save.action', methods=['POST'])
def syrole_save():
    role = Role()
    role.ID = str(uuid.uuid4())
    role.NAME = request.form.get('data.name')
    role.DESCRIPTION = request.form.get('data.description')
    role.SEQ = request.form.get('data.seq')
    # add current use to new role
    current_user.roles.append(role)
    db.session.add(role)
    return jsonify({'success': True})
# 删除角色信息
@base.route('/base/syrole!delete.action', methods=['POST'])
def syrole_delete():
    role = Role.query.get(request.form.get('id'))
    if role:
        db.session.delete(role)
    return jsonify({'success': True})
```

步骤 03：角色管理模块在 models 层的 Role 对象和 routes 层的 role 请求处理逻辑完成后，接下来需要在 templates 层中提供操作界面。角色管理模块的操作界面包含用于列表显示的 index.html 页面、用于编辑的 form.html 页面、用于角色授权的 grant.html 页面。

新建用于列表显示的 index.html 页面，源码在 "templates\role" 目录，运行效果如图 12-12 所示。

图 12-12　角色列表页面

新建用于列表显示的 form.html 页面，源码在"templates\role"目录，运行效果如图 12-13 所示。

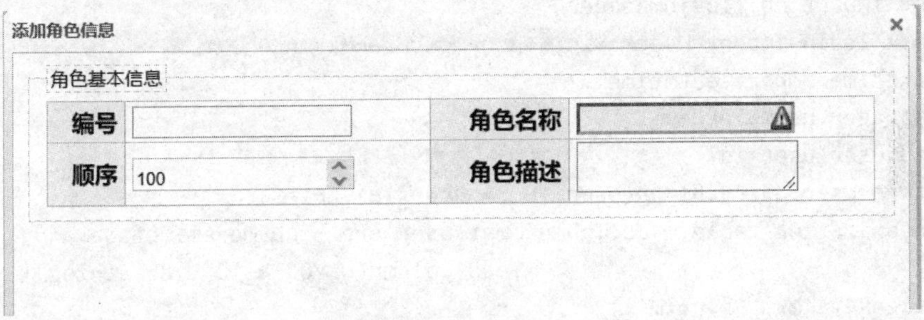

图 12-13　角色编辑页面

新建用于角色授权的 grant.html 页面，源码在"templates\role"目录，运行效果如图 12-14 所示。

图 12-14　角色授权页面

至此，角色管理模块的核心编码已经完成，我们在 models 中创建了 Role 对象，在 routes 层中实现了 role 的操作处理逻辑，在 templates 的 role 目录下创建了 index.html、form.html、grant.html 操作界面。

12.3.5 用户管理

步骤 01：用户管理模块的 model 中，用户与角色是多对多的关系，用户与机构也是多对多的关系，在创建 User 对象时，可以通过 "db.relationship()" 方法来维护对象之间的映射关系，完整的 User 对象的代码如下：

```python
from mgt import db, loginmanager
from flask_login import UserMixin, AnonymousUserMixin
from datetime import datetime
@loginmanager.user_loader
def load_user(user_id):
    return User.query.filter(User.ID == user_id).first()
user_Organization_table = db.Table('mgt_user_org', db.Model.metadata
                                  , db.Column('SYUSER_ID', db.String,
db.ForeignKey('mgt_user.ID'))
                                  , db.Column('SYORGANIZATION_ID', db.String,
db.ForeignKey('mgt_org.ID')))
user_role_table = db.Table('mgt_user_role', db.Model.metadata
                          , db.Column('SYUSER_ID', db.String, db.ForeignKey('mgt_
user.ID'))
                          , db.Column('SYROLE_ID', db.String, db.ForeignKey('mgt_
role.ID')))
class User(db.Model, UserMixin):
    __tablename__ = 'mgt_user'
    ID = db.Column(db.String(36), primary_key=True)
    CREATEDATETIME = db.Column(db.DateTime, index=True, default=datetime.now)
    UPDATEDATETIME = db.Column(db.DateTime, index=True, default=datetime.now)
    LOGINNAME = db.Column(db.String(100), unique=True, index=True)
    PWD = db.Column(db.String(100))
    NAME = db.Column(db.String(100))
    SEX = db.Column(db.String(1))
    AGE = db.Column(db.Integer)
    PHOTO = db.Column(db.String(200))
    EMPLOYDATE = db.Column(db.DATETIME, default=datetime.now)
    Organizations = db.relationship('Organization', secondary=user_Organization_
table,
                                    backref=db.backref('users', lazy='dynamic'),
lazy="dynamic")
    roles = db.relationship('Role', secondary=user_role_table,
```

```
                              backref=db.backref('users', lazy='dynamic'),
lazy="dynamic")
    def get_id(self):
        return str(self.ID)
    def have_permission(self, url):
        permissions = []
        for role in self.roles:
            permissions.extend([resource for resource in role.resources])
        if filter(lambda x: x.URL == url, permissions):
            return True
        permissions = []
        for Organization in self.Organizations:
            permissions.extend([resource for resource in Organization.resources])
        return filter(lambda x: x.NAME == url, permissions)

    def __repr__(self):
        return '<User %r>\n' %(self.NAME)
    def to_json(self):
        return {
            'id': self.ID,
            'createdatetime': self.CREATEDATETIME.strftime('%Y-%m-%d %H:%M:%S'),
            'updatedatetime': self.UPDATEDATETIME.strftime('%Y-%m-%d %H:%M:%S'),
            'loginname': self.LOGINNAME,
            'name': self.NAME,
            'sex': self.SEX,
            'age': self.AGE,
            'photo': self.PHOTO,
            # 'employdate': self.EMPLOYDATE.strftime('%Y-%m-%d %H:%M:%S'),
        }
```

步骤 02：用户管理模块的 routes 中，提供了用户管理的查询、新增、修改、删除、指定角色、关联机构、登录等操作的请求地址和处理逻辑。完整的 user 操作代码如下：

```
# coding:utf-8
from ..base import base
from ..models import User, Organization, Role
from flask import render_template, request
from flask import g, jsonify
import hashlib
from flask_login import login_user, logout_user, login_required, \
    current_user
from datetime import datetime
from .. import  db
import uuid
# 登录页面
@base.route('/login', methods=['GET'])
```

```
def login():
    return render_template('login.html')
# 用户编辑页面
@base.route('/securityJsp/base/SyuserForm.jsp', methods=['GET'])
def form_user():
    return render_template('user/form.html', id=request.args.get('id', ''))
# 用户关联机构页
@base.route('/securityJsp/base/SyuserOrganizationGrant.jsp', methods=['GET'])
def grant_user_Organization_page():
    return render_template('user/grant_Organization.html', id=request.args.
get('id', ''))
# 用户指定角色页
@base.route('/securityJsp/base/SyuserRoleGrant.jsp', methods=['GET'])
def grant_user_role_page():
    return render_template('user/grant_role.html', id=request.args.get('id', ''))
# 用户关联机构
@base.route('/base/syuser!grantOrganization.action', methods=['POST'])
def grant_user_Organization():
    id = request.form.get('id')
    ids = request.form.get('ids')
    user = User.query.get(id)
    if not ids:
        user.Organizations = []
    else:
        idList = ids.split(',')
        user.Organizations = [Organization.query.get(rid) for rid in idList]
    db.session.add(user)
    return jsonify({'success': True})
# 用户指定角色
@base.route('/base/syuser!grantRole.action', methods=['POST'])
def grant_user_role():
    id = request.form.get('id')
    ids = request.form.get('ids')
    user = User.query.get(id)
    if not ids:
        user.roles = []
    else:
        idList = ids.split(',')
        user.roles = [Role.query.get(rid) for rid in idList]
    db.session.add(user)
    return jsonify({'success': True})
# 用户登出
@base.route('/base/syuser!doNotNeedSessionAndSecurity_logout.action',
methods=['POST'])
def do_logout():
    logout_user()
```

```python
    return jsonify({'success': True})
# 用户登录操作
@base.route('/base/syuser!doNotNeedSessionAndSecurity_login.action',
methods=['POST'])
def do_login():
    # 检查用户名是否存在
    user = User.query.filter_by(LOGINNAME=request.form['data.loginname']).first()
    if user is not None:
        md = hashlib.md5()
        # 提交的密码 MD5 加密
        md.update(request.form['data.pwd'].encode('utf-8'))
        # MD5 加密后的内容同数据库密码比较
        if md.hexdigest() == user.PWD:
            login_user(user)
            return jsonify({'success': True, 'msg': ''})
    return jsonify({'success': False, 'msg': 'password error'})
# 用户列表页
@base.route('/securityJsp/base/Syuser.jsp', methods=['GET'])
def index_user():
    return render_template('user/index.html')
# 用户列表查询
@base.route('/base/syuser!grid.action', methods=['POST'])
def user_grid():
    page = request.form.get('page', 1, type=int)
    rows = request.form.get('rows', 10, type=int)
    pagination = User.query.paginate(
        page, per_page=rows, error_out=False)
    users = pagination.items
    return jsonify([user.to_json() for user in users])
# 根据用户 ID 获取用户
@base.route('/base/syuser!getById.action', methods=['POST'])
def syuser_getById():
    user = User.query.get(request.form.get('id'))
    if user:
        return jsonify(user.to_json())
    else:
        return jsonify({'success': False, 'msg': 'error'})
# 修改用户信息
@base.route('/base/syuser!update.action', methods=['POST'])
def syuser_update():
    id = request.form.get('data.id')
    loginname = request.form.get('data.loginname')
    if User.query.filter(User.LOGINNAME == loginname).filter(User.ID != id).first():
        return jsonify({'success': False, 'msg': ' 更新用户失败，用户名已存在！ '})
    user = User.query.get(id)
    user.UPDATEDATETIME = datetime.now()
```

```
        user.LOGINNAME = request.form.get('data.loginname')
        user.NAME = request.form.get('data.name')
        user.SEX = request.form.get('data.sex')
        user.PHOTO = request.form.get('data.photo')
        db.session.add(user)
        return jsonify({'success': True, 'msg': ' 更新成功！'})
# 新增用户信息
@base.route('/base/syuser!save.action', methods=['POST'])
def syuser_save():
    if User.query.filter_by(LOGINNAME = request.form.get('data.loginname')).first():
        return jsonify({'success': False, 'msg': ' 新建用户失败，用户名已存在！'})
    user = User()
    user.ID = str(uuid.uuid4())
    md = hashlib.md5()
    md.update('123456'.encode('utf-8'))
    user.PWD = md.hexdigest()
    user.NAME = request.form.get('data.name')
    user.LOGINNAME = request.form.get('data.loginname')
    user.SEX = request.form.get('data.sex')
    user.PHOTO = request.form.get('data.photo')
    # add current use to new user
    # current_user.roles.append(user)
    db.session.add(user)
    return jsonify({'success': True, 'msg': ' 新建用户成功！默认密码：123456'})
# 删除用户信息
@base.route('/base/syuser!delete.action', methods=['POST'])
def syuser_delete():
    user = User.query.get(request.form.get('id'))
    if user:
        db.session.delete(user)
    return jsonify({'success': True})
```

步骤 03：用户管理模块在 models 层的 User 对象和 routes 层的 user 请求处理逻辑完成后，接下来需要在 templates 层中提供操作界面。用户管理模块的操作界面包含用于列表显示的 index.html 页面、用于编辑的 form.html 页面、用于用户机构授权的 grant_organzation.htmL 页面、用于用户角色授权的 grant_role.html 页面。

新建用于列表显示的 index.html 页面，源码在 "templates\user" 目录，运行效果如图 12-15 所示。

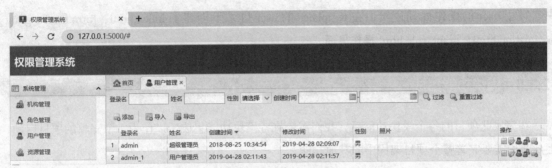

图 12-15　用户列表页面

新建用于编辑的 form.html 页面，源码在 "templates\user" 目录，运行效果如图 12-16 所示。

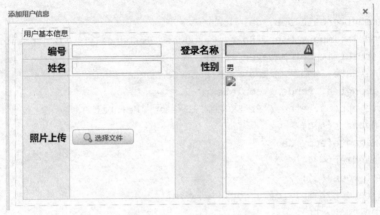

图 12-16　用户编辑页面

新建用于关联机构的 grant_Organization.html 页面，源码在 "templates\user" 目录，运行效果如图 12-17 所示。

图 12-17　用户机构授权

新建用于指定角色的 grant_role.html 页面，源码在 "templates\user" 目录，运行效果如图 12-18 所示。

图 12-18　用户角色授权

至此，用户管理模块的核心编码已经完成，我们在 models 中创建了 User 对象，在 routes 层中实现了 user 的操作处理逻辑，在 templates 的 user 目录下创建了 index.html、form.html、grant_organiztion.html、grant_role.html 操作界面。

12.3.6 模块功能集成

在完成此项目的各个模块功能后，我们需要将各模块功能集成，以作为一个完整的项目启动，因此我们需要完善整个项目架构中的其他功能。

步骤 01：项目启动程序"manager.py"需要加载配置，加载各个模块，完整的代码如下：

```python
#!/usr/bin/env python
import os
from mgt import create_app, db
from mgt.models import User, Role, Resource, ResourceType, Organization
from flask_script import Manager, Shell
from flask_migrate import Migrate, MigrateCommand
from flask import g, render_template
app = create_app(os.getenv('FLASK_CONFIG') or 'default')
manager = Manager(app)
migrate = Migrate(app, db)
@app.errorhandler(404)
def page_not_found(e):
    return render_template('errors/404.html'), 404
with app.app_context():
    g.contextPath = ''
def make_shell_context():
    return dict(app=app, db=db, User=User, Role=Role, Resource=Resource,
                ResourceType=ResourceType, Organization=Organization)
manager.add_command("shell", Shell(make_context=make_shell_context))
manager.add_command('db', MigrateCommand)
@manager.command
def myprint():
    print('hello world')
if __name__ == '__main__':
    manager.run()
```

步骤 02：项目配置文件"config.xml"，配置数据库连接等。完整的代码如下：

```python
import os
basedir = os.path.abspath(os.path.dirname(__file__))
class Config:
    SECRET_KEY = os.environ.get('SECRET_KEY') or 'hard to guess string'
    SQLALCHEMY_COMMIT_ON_TEARDOWN = True
    FLASKY_MAIL_SUBJECT_PREFIX = '[Flasky]'
    FLASKY_MAIL_SENDER = 'ijoinc.zhangxh@gmail.com'
```

```
    FLASKY_ADMIN = os.environ.get('FLASKY_ADMIN')
    SQLALCHEMY_TRACK_MODIFICATIONS = True
    @staticmethod
    def init_app(app):
        pass
class DevelopmentConfig(Config):
    DEBUG = True
    MAIL_SERVER = 'smtp.gmail.com'
    MAIL_PORT = 587
    MAIL_USE_TLS = True
    MAIL_USERNAME = os.environ.get('MAIL_USERNAME')
    MAIL_PASSWORD = os.environ.get('MAIL_PASSWORD')
    SQLALCHEMY_DATABASE_URI = os.environ.get('DEV_DATABASE_URI') or \
                            'mysql+mysqlconnector://root:root@127.0.0.1/ijoinc_
mgt?charset=utf8'
class TestingConfig(Config):
    TESTING = False
    SQLALCHEMY_DATABASE_URI = os.environ.get('TEST_DATABASE_URI') or \
                            'mysql+mysqlconnector://root:root@127.0.0.1/ijoinc_
mgt?charset=utf8'
class ProductionConfig(Config):
    SQLALCHEMY_DATABASE_URI = os.environ.get('DATABASE_URI') or \
                            'mysql+mysqlconnector://root:root@127.0.0.1/ijoinc_
mgt?charset=utf8'
config = {
    'development': DevelopmentConfig,
    'testing': TestingConfig,
    'production': ProductionConfig,
    'default': DevelopmentConfig
}
```

步骤 03：项目 mgt 目录下的初始化文件 "__init__.py"，完整的代码如下。

```
from flask import Flask, render_template
from flask_bootstrap import Bootstrap
from flask_mail import Mail
from flask_moment import Moment
from flask_sqlalchemy import SQLAlchemy
from config import config
from flask_login import LoginManager
loginmanager = LoginManager()
loginmanager.session_protection = 'strong'
loginmanager.login_view = 'base.login'
bootstrap = Bootstrap()
mail = Mail()
moment = Moment()
```

```
db = SQLAlchemy()
def create_app(config_name):
    app = Flask(__name__)
    app.config.from_object(config[config_name])
    config[config_name].init_app(app)
    bootstrap.init_app(app)
    mail.init_app(app)
    moment.init_app(app)
    db.init_app(app)
    loginmanager.init_app(app)
    from .base import base as base_blueprint
    app.register_blueprint(base_blueprint)
    return app
```

步骤 04：项目 mgt\base 目录下的初始化文件"__init__.py"，完整的代码如下：

```
from flask import Blueprint
# base = Blueprint('base', __name__, url_prefix='/base')
base = Blueprint('base', __name__)
from ..routes import *
```

步骤 05：项目 mgt\models 目录下的初始化文件"__init__.py"，完整的代码如下：

```
from .User import User
from .Organization import Organization
from .Resource import Resource
from .ResourceType import ResourceType
from .Role import Role
from .OnLine import OnLine
```

步骤 06：项目 mgt\routes 目录下的初始化文件"__init__.py"，完整的代码如下：

```
from .import online
from . import role
from . import index
from . import user
from . import resource
from . import Organization
```

步骤 07：项目基础框架的页面文件，包含布局页、登录页、主页等，源码在"templates"目录下 inc.html,base.html,login.html,index.html 以及"templates\layout"目录下 north.html, south.html,west.html 中。

编写完项目的框架页面后，登录的运行效果如图 12-19 所示。

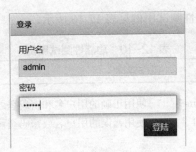

图 12-19 登录效果

主页的运行效果如图 12-20 所示。

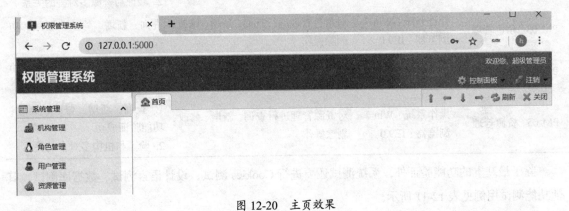

图 12-20 主页效果

12.4 系统测试

随着网络的广泛使用，网络开发越来越多，基于 Web 系统的测试已成为一项重要且富有挑战性的工作。Web 应用程序一般是 B/S 模式。Web 系统测试不但需要检查和验证是否按照设计的要求运行，而且还要测试系统在不同用户的浏览器端的显示是否合适。重要的是，从最终用户的角度进行安全性和可用性测试。高效的 Web 系统的测试工作离不开测试工具，Web 系统测试能通过自动化测试工具按照测试工程师的预定计划进行测试，可减轻测试的工作量，从而达到提高软件质量的目的。

一个 Web 应用程序的完整测试包括功能测试、易用性测试（界面测试）、兼容性测试、安全性测试和性能测试。本节权限管理系统的测试主要从功能测试、兼容性测试、安全性测试、易用性测试四个方面入手，性能测试由于对环境有特殊要求，本次测试暂且舍弃。

12.4.1 功能测试

权限管理系统包括登录、机构管理、角色管理、用户管理和资源管理这 5 大功能模块，每个模块都需要进行功能验证，功能性测试用例见表 12-10 所示。

表 12-10　功能性测试用例

ID	模块	测试环境	操作描述	预期结果
PM-01	登录	操作系统：Win 7 浏览器：IE9.0	1. 使用正确的用户名和密码登录 2. 使用错误的用户名或密码登录	1. 登录成功 2. 使用错误的用户名或密码登录时要有提示问题
PM-02	机构管理	操作系统：Win 7 浏览器：IE9.0	对机构管理进行查询、新增、修改、删除、授权等操作	1. 查询、新增、修改、删除、授权功能验证成功 2. 验证与资源多对多的关系
PM-03	角色管理	操作系统：Win 7 浏览器：IE9.0	对角色管理进行查询、新增、修改、删除操作	查询、新增、修改、删除、功能验证成功
PM-04	用户管理	操作系统：Win 7 浏览器：IE9.0	对用户管理进行查询、新增、修改、删除操作	查询、新增、修改、删除、功能验证成功
PM-05	资源管理	操作系统：Win 7 浏览器：IE9.0	对资源管理进行查询、新增、修改、删除操作	1. 查询、新增、修改、删除、功能验证成功 2. 验证与机构多对多的关系

除了最基本的功能验证外，系统测试还要进行 Cookies 测试、设计语言测试、数据库测试，其他功能测试用例见表 12-11 所示。

表 12-11　其他功能测试用例

ID	测试类别	测试内容
PM-06	链接测试	1. 所有的链接是否按指示链接到该链接的页面 2. 所链接的页面是否存在 3. 保证没有孤立页面
PM-07	表单测试	1. 验证服务器能正确保存这些数据 2. 后台运行的程序能正确解释和使用这些信息
PM-08	Cookies 测试	1. Cookies 是否起作用 2. Cookies 是否按预定的时间进行保存 3. 刷新对 Cookies 有什么影响
PM-09	设计语言测试	不同版本的设计语言会引起客户端、服务端严重的问题
PM-10	数据库测试	1. 数据一致性错误：提交表单信息不正确 2. 输出错误

12.4.2　易用性测试

易用性测试主要从用户角度出发，从整体界面测试、控件测试、多媒体测试、导航测试、内容测试和容器测试等对系统进行测试，易用性测试的测试内容见表 12-12 所示。

表 12-12　易用性测试用例

ID	测试类别	测试内容
PM-11	整体界面测试	给用户的整体感、舒适感，凭感觉能找到想要找的信息，设计风格是否一致
PM-12	控件测试	验证各控件的功能
PM-13	多媒体测试	图形要有明确的用途，图片、动画排列有序且目的明确，图片按钮链接有效，颜色搭配合理
PM-14	导航测试	站点地图和导航条位置是否合理
PM-15	内容测试	提供信息的正确性、准确性、相关性
PM-16	容器测试	网页布局方式，考虑浏览器窗口尺寸的变化，内容动态增加或删除对界面的影响

12.4.3　兼容性测试

兼容性测试从操作系统、浏览器两个方面入手，操作系统主要考虑主流的平台，比如 Windows、UNIX、Macintosh、Linux 等。浏览器测试是兼容性测试的重点，也是 Web 系统测试的重点，测试要从不同的浏览器入手，因为不同厂商的浏览器对开发语言有不同的支持，框架和层次结构在不同的浏览器中也有不同的显示，测试时可以考虑主流的浏览器，如 IE、Firefox、360 浏览器、QQ 浏览器等。

12.4.4　安全性测试

安全性测试需要做到能够对密码试探工具进行防范，对 Cookie 攻击的常用手段进行处理，对敏感数据加密传输，对通过文件名猜测和查看 HTML 文件内容获取重要信息能防范，能实现数据快速恢复。

→ 本章小结

本章通过项目需求分析、数据结构设计、程序结构设计、搭建项目框架、各模块编程实现、模块集成的开发流程与开发思路，使用 Python 的 Flask 轻量级 Web 框架实现了一个基础的权限管理系统的开发，读者可从中掌握 Flask 框架中几个比较常用的开发插件，掌握 Flask-SQLAlchemy、Flask-Migrate、Flask-Script、Flask-Login 等的使用方法。最后从功能测试、易用性测试（界面测试）、兼容性测试和安全性测试方面对权限管理系统进行了测试。

附录 1：Python 常见面试题精选

1. 基础知识（7 题）

题 01：Python 中的不可变数据类型和可变数据类型是什么意思？

题 02：请简述 Python 中 is 和 == 的区别。

题 03：请简述 function(*args, **kwargs) 中的 *args, **kwargs 分别是什么意思？

题 04：请简述面向对象中的 __new__ 和 __init__ 的区别。

题 05：Python 子类在继承自多个父类时，如多个父类有同名方法，子类将继承自哪个方法？

题 06：请简述在 Python 中如何避免死锁。

题 07：什么是排序算法的稳定性？常见的排序算法如冒泡排序、快速排序、归并排序、堆排序、Shell 排序、二叉树排序等的时间、空间复杂度和稳定性如何？

2. 字符串与数字（7 题）

题 08：s = "hfkfdlsahfgdiuanvzx"，试对 s 去重并按字母顺序排列输出 "adfghiklnsuvxz"。

题 09：试判定给定的字符串 s 和 t 是否满足将 s 中的所有字符都可以替换为 t 中的所有字符。

题 10：使用 Lambda 表达式实现将 IPv4 的地址转换为 int 型整数。

题 11：罗马数字使用字母表示特定的数字，试编写函数 romanToInt()，输入罗马数字字符串，输出对应的阿拉伯数字。

题 12：试编写函数 isParenthesesValid()，确定输入的只包含字符 "("")""{""}""[" 和 "]" 的字符串是否有效。注意，括号必须以正确的顺序关闭。

题 13：编写函数输出 count-and-say 序列的第 n 项。

题14：不使用sqrt函数，试编写squareRoot()函数，输入一个正数，输出它的平方根的整数部分。

3. 正则表达式（4 题）

题 15：请写出匹配中国大陆手机号且结尾不是 4 和 7 的正则表达式。

题 16：请写出以下代码的运行结果。

```
import re
str = '<div class="nam"> 中国 </div>'
res = re.findall(r'<div class=".*">(.*?)</div>',str)
print(res)
```

题 17：请写出以下代码的运行结果。

```
import re

match = re.compile('www\....?').match("www.baidu.com")
if match:
    print(match.group())
else:
    print("NO MATCH")
```

题 18：请写出以下代码的运行结果。

```
import re

example = "<div>test1</div><div>test2</div>"
Result = re.compile("<div>.*").search(example)
print("Result = %s" % Result.group())
```

4. 列表、字典、元组、数组、矩阵（9题）

题 19：使用递推式将矩阵转换为一维向量。

题 20：写出以下代码的运行结果。

```
def testFun():
    temp = [lambda x : i*x for i in range(5)]
    return temp
for everyLambda in testFun():
    print (everyLambda(3))
```

题 21：编写 Python 程序，打印星号金字塔。

题 22：获取数组的支配点。

题 23：将函数按照执行效率高低排序。

题 24：螺旋式返回矩阵的元素。

题 25：生成一个新的矩阵，并且将原矩阵的所有元素以与原矩阵相同的行遍历顺序填充进去，将该矩阵重新整形为一个不同大小的矩阵但保留其原始数据。

题 26：查找矩阵中的第 k 个最小元素。

题 27：试编写函数 largestRectangleArea()，求一幅柱状图中包含的最大矩形的面积。

5. 设计模式（3题）

题 28：使用 Python 语言实现单例模式。

题 29：使用 Python 语言实现工厂模式。

题 30：使用 Python 语言实现观察者模式。

6. 树、二叉树、图（5题）

题31：使用 Python 编写实现二叉树前序遍历的函数 preorder(root, res=[ ])。

题32：使用 Python 实现一个二分查找函数。

题33：编写 Python 函数 maxDepth()，实现获取二叉树 root 最大深度。

题34：输入两棵二叉树 Root1、Root2，判断 Root2 是否是 Root1 的子结构（子树）。

题35：判断数组是否是某棵二叉搜索树后序遍历的结果。

7. 文件操作（3题）

题36：计算 test.txt 中的大写字母数。注意，test.txt 为含有大写字母在内、内容任意的文本文件。

题37：补全缺失的代码。

题38：设计内存中的文件系统。

8. 网络编程（4题）

题39：请至少说出 3 条 TCP 和 UDP 协议的区别。

题40：请简述 Cookie 和 Session 的区别。

题41：请简述向服务器端发送请求时 GET 方式与 POST 方式的区别。

题42：使用 threading 组件编写支持多线程的 Socket 服务端。

9. 数据库编程（6题）

题43：简述数据库的第一、第二、第三范式的内容。

题44：根据以下数据表结构和数据，编写 SQL 语句，查询平均成绩大于 80 的所有学生的学号、姓名和平均成绩。

```
1   select * from Score
```

信息 | 结果 1

s_id	c_id	s_score
01	01	80
01	02	90
01	03	99
02	01	70
02	02	60
02	03	80
03	01	80
03	02	80
03	03	80
04	01	50
04	02	30
04	03	20
05	01	76
05	02	87
06	01	31
06	03	34
07	02	89
07	03	98

```
1   select * from Course
```

信息 | 结果 1

c_id	c_name	t_id
01	语文	02
02	数学	01
03	英语	03

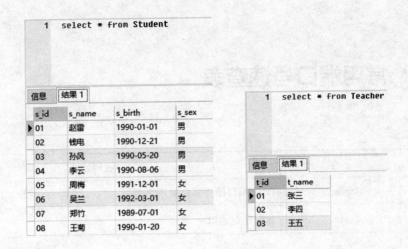

题 45：按照 44 题所给条件，编写 SQL 语句查询没有学全所有课程的学生信息。

题 46：按照 44 题所给条件，编写 SQL 语句查询所有课程第 2 名和第 3 名的学生信息及该课程成绩。

题 47：按照 44 题所给条件，编写 SQL 语句查询所教课程有 2 人及以上不及格的教师、课程、学生信息及该课程成绩。

题 48：按照 44 题所给条件，编写 SQL 语句生成每门课程的一分段表（课程 ID、课程名称、分数、该课程的该分数人数、该课程累计人数）。

10. 图形图像与可视化（2 题）

题 49：绘制一个二次函数的图形，同时画出使用梯形法求积分时的各个梯形。

题 50：将给定数据可视化并给出分析结论。

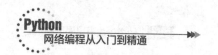

附录2：常用端口号速查表

端口号码 / 层	名称	注释
1	tcpmux	TCP 端口服务多路复用
5	rje	远程作业入口
7	echo	Echo 服务
9	discard	用于连接测试的空服务
11	systat	用于列举连接了的端口的系统状态
13	daytime	给请求主机发送日期和时间
17	qotd	给连接了的主机发送每日格言
18	msp	消息发送协议
19	chargen	字符生成服务；发送无止境的字符流
20	ftp-data	FTP 数据端口
21	ftp	文件传输协议（FTP）端口；有时被文件服务协议（FSP）使用
22	ssh	安全 Shell（SSH）服务
23	telnet	Telnet 服务
25	smtp	简单邮件传输协议（SMTP）
37	time	时间协议
39	rlp	资源定位协议
42	nameserver	互联网名称服务
43	nicname	WHOIS 目录服务
49	tacacs	用于基于 TCP/IP 验证和访问的终端访问控制器访问控制系统
50	re-mail-ck	远程邮件检查协议
53	domain	域名服务（如 BIND）
63	whois++	WHOIS++，被扩展了的 WHOIS 服务

续表

端口号码 / 层	名称	注释
67	bootps	引导协议（BOOTP）服务；还被动态主机配置协议（DHCP）服务使用
68	bootpc	Bootstrap（BOOTP）客户；还被动态主机配置协议（DHCP）客户使用
69	tftp	小文件传输协议（TFTP）
70	gopher	Gopher 互联网文档搜寻和检索
71	netrjs-1	远程作业服务
72	netrjs-2	远程作业服务
73	netrjs-3	远程作业服务
73	netrjs-4	远程作业服务
79	finger	用于用户联系信息的 Finger 服务
80	http	用于万维网（WWW）服务的超文本传输协议（HTTP）
88	kerberos	Kerberos 网络验证系统
95	supdup	Telnet 协议扩展
101	hostname	SRI-NIC 机器上的主机名服务
102	iso-tsap	ISO 开发环境（ISODE）网络应用
105	csnet-ns	邮箱名称服务器；也被 CSO 名称服务器使用
107	rtelnet	远程 Telnet
109	pop2	邮局协议版本 2
110	pop3	邮局协议版本 3
111	sunrpc	用于远程命令执行的远程过程调用（RPC）协议，被网络文件系统（NFS）使用
113	auth	验证和身份识别协议
115	sftp	安全文件传输协议（SFTP）服务
117	uucp-path	Unix 到 Unix 复制协议（UUCP）路径服务
119	nntp	用于 USENET 讨论系统的网络新闻传输协议（NNTP）
123	ntp	网络时间协议（NTP）

续表

端口号码／层	名称	注释
137	netbios-ns	在红帽企业 Linux 中被 Samba 使用的 NETBIOS 名称服务
138	netbios-dgm	在红帽企业 Linux 中被 Samba 使用的 NETBIOS 数据报服务
139	netbios-ssn	在红帽企业 Linux 中被 Samba 使用的 NET BIOS 会话服务
143	imap	互联网消息存取协议（IMAP）
161	snmp	简单网络管理协议（SNMP）
162	snmptrap	SNMP 的陷阱
163	cmip-man	通用管理信息协议（CMIP）
164	cmip-agent	通用管理信息协议（CMIP）
174	mailq	MAILQ
177	xdmcp	X 显示管理器控制协议
178	nextstep	NeXTStep 窗口服务器
179	bgp	边界网络协议
191	prospero	Cliffod Neuman 的 Prospero 服务
194	irc	互联网中继聊天（IRC）
199	smux	SNMP UNIX 多路复用
201	at-rtmp	AppleTalk 选路
202	at-nbp	AppleTalk 名称绑定
204	at-echo	AppleTalk echo 服务
206	at-zis	AppleTalk 区块信息
209	qmtp	快速邮件传输协议（QMTP）
210	z39.50	NISO Z39.50 数据库
213	ipx	互联网络分组交换协议（IPX），被 Novell Netware 环境常用的数据报协议
220	imap3	互联网消息存取协议版本 3
245	link	LINK
347	fatserv	Fatmen 服务器

端口号码 / 层	名称	注释
363	rsvp_tunnel	RSVP 隧道
369	rpc2portmap	Coda 文件系统端口映射器
370	codaauth2	Coda 文件系统验证服务
372	ulistproc	UNIX Listserv
389	ldap	轻型目录存取协议（LDAP）
427	svrloc	服务位置协议（SLP）
434	mobileip-agent	可移互联网协议（IP）代理
435	mobilip-mn	可移互联网协议（IP）管理器
443	https	安全超文本传输协议（HTTP）
444	snpp	小型网络分页协议
445	microsoft-ds	通过 TCP/IP 的服务器消息块（SMB）
464	kpasswd	Kerberos 口令和钥匙改换服务
468	photuris	Photuris 会话钥匙管理协议
487	saft	简单不对称文件传输（SAFT）协议
488	gss-http	用于 HTTP 的通用安全服务（GSS）
496	pim-rp-disc	用于协议独立的多址传播（PIM）服务的会合点发现（RP-DISC）
500	isakmp	互联网安全关联和钥匙管理协议（ISAKMP）
535	iiop	互联网内部对象请求代理协议（IIOP）
538	gdomap	GNUstep 分布式对象映射器（GDOMAP）
546	dhcpv6-client	动态主机配置协议（DHCP）版本 6 客户
547	dhcpv6-server	动态主机配置协议（DHCP）版本 6 服务
554	rtsp	实时流播协议（RTSP）
563	nntps	通过安全套接字层的网络新闻传输协议（NNTPS）
565	whoami	whoami
587	submission	邮件消息提交代理（MSA）
610	npmp-local	网络外设管理协议（NPMP）本地 / 分布式排队系统（DQS）

端口号码／层	名称	注释
611	npmp-gui	网络外设管理协议（NPMP）GUI／分布式排队系统（DQS）
612	hmmp-ind	HMMP 指示／DQS
631	ipp	互联网打印协议（IPP）
636	ldaps	通过安全套接字层的轻型目录访问协议（LDAPS）
674	acap	应用程序配置存取协议（ACAP）
694	ha-cluster	用于带有高可用性的群集的心跳服务
749	kerberos-adm	Kerberos 版本 5（v5）的"kadmin"数据库管理
750	kerberos-iv	Kerberos 版本 4（v4）服务
765	webster	网络词典
767	phonebook	网络电话簿
873	rsync	rsync 文件传输服务
992	telnets	通过安全套接字层的 Telnet（TelnetS）
993	imaps	通过安全套接字层的互联网消息存取协议（IMAPS）
994	ircs	通过安全套接字层的互联网中继聊天（IRCS）
995	pop3s	通过安全套接字层的邮局协议版本 3（POPS3）

参考文献

[1]　赵宏，包广斌，马栋林 .Python 网络编程 (Linux)[M].北京：清华大学出版社，2018.

[2]　[美] 约翰·策勒（John Zelle）著 . 王海鹏，译 .Python 程序设计 (第 3 版)[M].北京：人民邮电出版社，2018.

[3]　[美] 布兰登·罗德（Brandon Rhodes）著 . 诸豪文，译 .Python 网络编程 (第 3 版)[M].北京：人民邮电出版社，2016.

[4]　[美] 卫斯理·春（Wesley Chun）.Python 核心编程 (第 3 版)[M].北京：人民邮电出版社，2016.

[5]　周伟，宗杰 .Python 开发技术详解 [M].北京：机械工业出版社，2009.

[6]　罗良夫，张丽 . 基于 Python 的网络传输文件功能的设计与实现 [J].电脑知识与技术，2017，(33)：72-73.